U0444735

聪明人都在用思维导图

刘志华 著

MIND MAP

中国纺织出版社有限公司

内容提要

做正确的事，还要用正确的方式做事。思维导图自诞生以来，已经获得了无数推崇，因为它不但是一种高效的思维工具，更具有易上手、灵活性强的优势。

本书作者刘志华在记忆培训领域扎根20年，在这本书中，他从拓宽思维入手，教你一步一步地绘制你的第一张思维导图。不仅如此，他还提供了多种底层逻辑，包括全想快速阅读法、SQ4R读书法、六顶思考帽决策法、GTD时间管理法和PDCA循环。"绝知此事在躬行"，阅读本书只是学习思维导图的开端，唯有实践才能真正将理论化为力量。底层正确的逻辑，搭配思维导图这一实践工具，将带给你更高的工作效率。

图书在版编目（CIP）数据

聪明人都在用思维导图 / 刘志华著.--北京：中国纺织出版社有限公司，2022.6

ISBN 978-7-5180-9479-0

Ⅰ．①聪… Ⅱ．①刘… Ⅲ．①思维方法-通俗读物 Ⅳ．①B804-49

中国版本图书馆CIP数据核字（2022）第062972号

责任编辑：郝珊珊　　责任校对：高　涵　　责任印制：储志伟

中国纺织出版社有限公司出版发行
地址：北京市朝阳区百子湾东里A407号楼　邮政编码：100124
销售电话：010—67004422　传真：010—87155801
http://www.c-textilep.com
中国纺织出版社天猫旗舰店
官方微博 http://weibo.com/2119887771
北京通天印刷责任有限公司印刷　各地新华书店经销
2022年6月第1版第1次印刷
开本：710×1000　1/16　印张：9.5
字数：166千字　定价：58.00元

凡购本书，如有缺页、倒页、脱页，由本社图书营销中心调换

前言 从浅层知道到融会贯通

很多的读者朋友，尤其是已经走上工作岗位的朋友，没有经过系统的思维导图课程训练，在运用思维导图的时候，无法将其和工作、生活、学习等方面进行有效的融合，也就无法最大限度地发挥思维导图的效能。因此，大部分人对于思维导图的运用只停留在最低层级的"浅层知道"上。

随着社会的高速发展，单个人一生中能获取的信息量大幅超出了人类发展历史上的任何一个时代，人们只要通过互联网就可以随时随地地了解到很多信息，但这些信息大多是碎片化的。在思维导图这一门学问上，也存在相似的现象。因此，许多人对于思维导图的了解仅仅停留在"了解"的层面。

从"了解"到"融会贯通"还有很长的路。在阅读本书的时候，如果也只是抱着"了解"的心态，我相信，你一定不会得到很大改变；如果你能带着"空杯"心态，一个章节、一个章节地学习并认真完成每个章节的训练资料，一定可以让你对思维导图的"了解"晋升为"学到"；如果你更加用心，结合工作、生活和学习去实际运用思维导图工具，我想，你很快就能

"融会贯通"。

当然，学习重在积累，不积跬步，无以至千里。每天花上30分钟的时间，按照思维导图的绘制规则和步骤，用不同颜色的笔在白纸上绘画。只要你愿意让自己的思维动起来，一定会收获一个更加优秀的自己。

CONTENTS 目录

第一章
了解思维导图

第一节　我怎样与思维导图结缘 …………………………………… 003

第二节　托尼·博赞与思维导图的诞生 …………………………… 005

彩蛋 1　思维导图的多种作用

第二章
绘制思维导图的准备

第一节　绘制思维导图只需三种基本图形 ……………………… 011

第二节　线性联想训练 …………………………………………… 016

第三节　联想接龙训练 …………………………………………… 020

第四节　启动大脑创造力建立联结 ……………………………… 024

彩蛋 2　用转结和跳跃建立事物关联性

第三章
画出你的第一幅导图

第一节　绘制思维导图的六个规则……………………………037

第二节　思维导图绘制的准备工作……………………………044

第三节　四步绘制出第一幅思维导图…………………………049

第四节　关键词寻找方法一……………………………………055

第五节　关键词寻找方法二……………………………………064

第六节　对思维导图的误解……………………………………069

彩蛋 3　梦想板制作

第四章
用思维导图提升学习力

第一节　全想快速阅读法………………………………………077

第二节　SQ4R读书法……………………………………………083

第三节　拥有超级记忆力………………………………………088

第四节　把讲座变成思维导图…………………………………091

第五节　用思维导图做课堂笔记………………………………095

彩蛋 4　制订高效学习计划

第五章
提升工作力的思维导图

第一节　戴上六顶思考帽做决策……………………………103

第二节　用GTD管理时间……………………………………108

第三节　用PDCA提高工作质量………………………………111

第四节　让你快速晋升的思维导图……………………………116

第六章
用思维导图成就人生

第一节　高效率人士的法则……………………………………125

第二节　设计自己的人生………………………………………128

第三节　打造个人品牌…………………………………………131

后　记

137

第一章
了解思维导图
CHAPTER 1

聪明人都在用
思维导图

聪明人都在用
思维导图
MIND MAP

第一节 我怎样与思维导图结缘

1999年的夏天，我作为老学员参加了"超级记忆精英复训营"，那是我第一次接触思维导图。在训练营结束的时候，老师送给了我一本托尼·博赞先生写的《思维导图》。仔细研读后，我对思维导图产生了浓厚的兴趣，因此，经过老师的推荐，我又参加了五天五夜的"思维导图思维风暴训练营"。

经过这次系统培训，我对思维导图的来源、原理、绘制步骤，以及其在生活、工作、学习上的应用都有了进一步的认识。训练营课程结束后，我每天晚上睡觉之前都会花上30分钟的时间，对自己在学习以及生活中遇到的无法及时解决的问题，使用5W3H法进行思考和总结，并将思考的结果用思维导图绘制出来。通过这样的实践，我不仅快速提升了解决问题的能力，还为以后的教学提供了丰富的素材。

5W3H分析法，又称"八何分析法"。运用5W3H分析法，进行顾客分析、市场需求分析，解决计划编制的结构问题、方向问题、执行力问题等。

运用5W3H分析法进行问题分析，具体可以这样做：

Who：人——什么人发现了问题？

What：事物——什么东西出现了问题？

Where：地点——在什么地方出现了问题？

When：时间——什么时候发生的问题？

Why：原因——为什么这个成为了一个问题？

How：方法——用什么方法量化异常的程度？

How much：问题发生量——问题发生的程度有多大？

How feel：感受——该问题对自己或他人造成了怎样的影响？

现在回过头来看，我真的很幸运，在最好的年华里遇到并学会了这个被誉为"思维瑞士军刀"的思维工具。

在自己从中受益后，我积极地把它推广开来，向学员们推荐这种思维工具。

第二节 托尼·博赞与思维导图的诞生

2016年,我参加了由英国Open Genius主办,托尼·博赞(Tony Buzan)亲自授课的思维导图培训,成为老先生的亲传弟子,并得到了TLI(Think Buzan Licensed Instructor)讲师认证。

多年来,思维导图带给我许多的收获,这也是我想要将这一工具分享给大众的原因之一。接下来,我就说一说思维导图的由来。托尼·博赞在1974年发明了思维导图。它的英文名称叫作"Mind Map"或者"Mind Mapping"。

托尼·博赞大学时,遇到了有关信息吸收、整理及记忆的困难,他前往图书馆寻求帮助,却惊讶地发现没有相关书籍资料,这促使他思索和寻找新的思想或方法来解决此类问题。受到达·芬奇在笔记中使用图画、代号、连线及涂鸦的启发,他开始设定一些词汇、数字、代码、食物、香味、线条、色彩、图像、节拍、音符和纹路等,用在自己的学习笔记上。通过不断地实践和改进,托尼·博赞的学习效率有了大幅度的提升,成绩也好了起来。

大学毕业后，一次偶然的机会，托尼·博赞成为了一位兼职家教老师。在教学中，他发现很多孩子的笔记做得一塌糊涂，于是就把大学时代做笔记的方法教给了学生。这种新奇的笔记方式很快就赢得了学生的喜欢。在不断地实践运用中，这些学生的成绩也有了明显的提升。其中最有名的是一个叫芭芭拉的女生，在运用思维导图学习了一个月后，她的成绩大幅提高。后来，托尼·博赞根据每个学生的实际学习情况，对这种笔记方式做了进一步的调整，并且把这种同时拥有图片、颜色、关键词和各种线条的笔记方式命名为Mind Map，即"思维导图"。一个强大的思维工具就这样诞生了。

思维导图的广泛传播也始于一个偶然的机会。在托尼·博赞辅导的学生中，有一个学生的家长当时在英国BBC电视台任职，他看见自己的孩子每天都把笔记画在一张纸上，对此产生了兴趣。在初步了解了思维导图后，他觉得这一工具非常不错，就在电视台为托尼·博赞争取了30分钟的节目时间。在制作节目内容的会议上，托尼·博赞现场为所有的工作人员画了有关节目内容的头脑风暴式的思维导图。随着导图不断完整，BBC继续教育部门的领导也逐渐被征服了。最后，他们决定将原本30分钟的节目扩充为一个系列，共10期。这个名叫《使用你的大脑》的系列电视节目一经播放就引起了巨大轰动。BBC又与托尼·博赞合作，迅速推出了一本与节目相关的书籍。该书也大获成功。托尼·博赞因此成为了英国家喻户晓的"大脑先生"。思维导图也由此走向了世界。时至今日，托尼·博赞所撰写的二十多种大脑方面的图书已被翻译成几十种语言，在全球五十多个国家出版，成为了世界顶级公司进行高级人员培训的必选教材。新加坡、澳大利亚、马来西亚等国家将思维导图引入教育领域，用于提升中小学生的智力和思维水平，并已取得良好效果。哈佛大学、剑桥大学等知名学府也大力推广和使用思维导图。

彩蛋1　思维导图的多种作用

如今，世界上使用思维导图的人数已达数亿。2009年，在吉隆坡马来西亚博特拉大学举行的第14届国际思维会议上，时任马来西亚高等教育部部长的卡立·诺丁宣称，21世纪是大脑的世纪，新千年是大脑的千年，同时还宣称思维导图是智力的"终极思维工具"。

思维导图能轻松解决人们在工作、生活，以及学习中遇到的各种问题，获得更多的创意，比如：增加学习动机及兴趣；增强组织力及逻辑思考能力；提升创意思维能力；提升问题分析与解决能力；提升理解力和注意力；在大量数据中快速抓住重点；节省阅读时间；提高记忆力和提升阅读效率。

第二章
绘制思维导图的准备
CHAPTER 2

聪明人都在用
思维导图

聪明人都在用
思维导图

MIND MAP

第一节 绘制思维导图只需三种基本图形

在绘制思维导图的过程中,我们必须学会运用一个关键的技巧——图像。图像在思维导图的绘制中扮演着一个非常重要的角色,它不但可以启发大脑的创造力,还可以提升记忆的效率。但是,这个关键技巧让很多人在刚开始学习思维导图的时候就犯难了。为什么?因为很多人没有学习过绘画,害怕自己画不出、画不好、画得难看。

其实,这种担心是多余的。因为,你只需要运用三种基本图形,就可以绘制思维导图。

第一种基本图形:△三角形。它是在同一平面内,由不在同一条直线的三条线段首尾相接组成的一个闭合的平面图形,是一种最基本的多边形。你一定会画一个三角形,那么你也一定会画一堆三角形。利用好这一点,加一点创造力,你就可以轻松画出跟三角形相关的物体的简笔画了。现在,请你看看下面这些词,在大脑里想象这些物品的样子,是不是都与三角形有关?如果可以的话,请你把它们画出来。

1. 帽子　2. 三角尺　3. 雨伞　4. 指示牌　5. 晾衣架　6. 小旗　7. 钻石

怎么样？是不是很轻松就画出来了？如果画不出来也没有关系，不断地运用三角形物品做练习，很快你就可以画得很好了。下面是参考图：

1. 帽子　　　　2. 三角尺　　　　3. 雨伞　　　　4. 指示牌

5. 晾衣架　　　　6. 小旗　　　　7. 钻石

第二种基本图形：○圆形。圆形是一种看来简单，实际上很奇妙的几何图形。它是在一个平面中到一个定点距离为定值的所有点的集合。据人类学家考证，人类最早是从太阳及阴历十五的月亮中得到圆形的概念的。约1万8千年前，山顶洞人在兽牙、砾石和石珠上钻孔，那些孔中有的就是圆形的。大约六千年前，美索不达米亚人做出了世界上第一个圆木盘。大约4千多年前，人们将圆的木盘制成了车轮。在现代人的生活中，圆形的物品无处不在。现在我们就利用圆形来画出一些生活当中常见的物品吧！

1. 碗　2. 平底锅　3. 苹果　4. 水桶　5. 气球　6. 足球

怎么样？这些图像画起来是不是很轻松？看看下面的示意图，相互对比，给自己一些鼓励。

1. 碗

2. 平底锅

3. 苹果

4. 水桶

5. 气球

6. 足球

第三种基本图形：□方形。我们经常在生活、工作、学习中见到方形的物品。在思维导图的绘制过程中，要运用两种方形：一种是正方形，另一种是长方形。不管是哪一种，我们只要根据物品的轮廓，合理运用就好了。现在，用方形画出下面这些物品吧！

1. 电脑显示器　2. 冰箱　3. 保险柜　4. 衣柜　5. 魔方　6. 手提包　7. 信封

现在，对比一下参考图，看看我们绘画的物品有什么不一样。

1. 电脑显示器　　2. 冰箱　　3. 保险柜　　4. 衣柜

5. 魔方　　6. 手提包　　7. 信封

在上面的练习中，我们分别运用三角形、圆形、方形绘制了许多物品。但是，只分别用这三种简单的图形来绘图肯定是不够的。事实上，我们还会把这三种基本形状巧妙地组合在一起，从而生动形象地画出一些外形复杂的物品。在思维导图训练中，通常把这种绘图技巧叫作"基本形组合"。比如，我们用这三种基本图形组合出电灯的图像：

现在请用这三种基本图形进行组合，在文字下方的空白处绘画出对应的物品：

1. 电风扇   2. 电脑   3. 台灯

4. 跷跷板   5. 闹钟   6. 电视机遥控器

通过上面的练习，现在你是否觉得思维导图的绘图变得简单了呢？其实，熟练掌握了这些绘图的技巧后，你还可以加入一些想象和创意，画出具有个人风格的图画。实践出真知，真正动手去绘画对于提升大脑的创造力有巨大的帮助。

第二节 线性联想训练

"线性联想"训练也叫"联想开花"训练,就是以自己认识的某一个事物或者词组为中心主题展开联想,以拓展思维的宽度。所发散的内容围绕着主题,不受任何限制地向四面八方放射,就像一朵绽开的花。具体图示如下:

线性联想训练的关键点:

一、由一个主题散发出联想。

二、直接、快速、不加修饰。

三、尽情表达大脑中的想法。

通过这三步，每天花上10分钟就能让大脑快速地动起来。进行线性联想训练的时候，只要确立好一个"中心主题"，就可以快速启动大脑，从"中心主题"可以线性地发散出几十、几百、几千、几百万个箭头，每个箭头代表一个与中心主题相关联的联想。经常进行线性联想发散训练，可以激活大脑，迅速拓宽思维。把线性联想发散训练应用在思维导图学习中，你可以在思考时快速找到事物之间的共通点，在思维出现混乱的时候抛弃那些零散而烦琐的想法，并从源头进行思考。

接下来，我们以"圣诞树"为主题，进行联想开花练习。从"圣诞树"这个主题出发，快速地向四周发散，得到了以下的联想：

第二章 | 017
绘制思维导图的准备

上面这些通过主题发散出来的都是实实在在的人、事、地、物，因此我们把这种线性发散联想叫作事物线性联想。事物线性联想就是围绕一个事物直接快速地发散出另外一些相关的事物。这种发散方式相对简单，刚开始进行思维训练的时候多采用这种方式，随着练习的深入和熟练，你就可以从一个事物直接快速地发散出一个相关的抽象词。

例如，用"爱迪生"进行线性联想发散出一些抽象词，就可以得到以下联想：

从现在开始，每天挑选一个主题做练习，坚持21天，你会发现，思维发散的宽度一定比没有练习之前进步了很多。现在，用下面给出的主题词，进行线性联想发散吧！

1. 以"汗水"为主题进行线性联想，发散出事物，越多越好。

2. 以"石头山"为主题进行线性联想，发散出抽象词，越多越好。

第三节 联想接龙训练

联想接龙，就是以选定好的某一个事物或者词组为"中心主题"，然后由中心主题激发出联想，再将激发出的联想作为主题继续激发出下一个联想，像条长龙一样无限制地往下延伸。每一个激发出来的联想都是主题，这个过程可以不断迭代下去。

联想接龙分为两种：一种是自由式，可以任由思维自由发挥；另一种是固定式，以成语、歌词、故事、因果关系等为固定发散结构。在思维导图训练中，联想接龙能够提升思维的深度、宽度以及广度，每天进行5~10分钟的联想接龙训练，可以提升思维的创造性。其具体图例为：

联想接龙的要点：

1. 由主题直接发散出一个联想；

2. 再将联想作为主题激发下一个联想；

3. 一层一层深入思考；

4. 直接、快速、不加修饰；

5. 尽情释放你的想象力和创造力。

根据以上的步骤，以"大树"为主题，开始自由式联想接龙练习，就像这样：大树→树叶→虫子→小鸟→鸟窝→小草→土地→蚯蚓→小麦→面粉→馒头→食堂→筷子→竹子→毛毛虫……

就这样，联想内容会一个主题紧扣一个主题、无穷无尽地流淌出来。当然我们也可以以词语等为主题，进行固定式联想接龙。固定式联想接龙必须设定规则，比如，以每个词语的第一个字或者最后一个字进行联想接龙。

以"水牛"为主题,并以联想出来的词的最后一个字进行固定式联想接龙训练:水牛→牛人→人民→民歌→歌手→手机→机会→会议→议论→论文……

刚开始练习时,建议大家先采用自由式联想接龙,让思维自由驰骋,让视野变得更加开扩。下面,我们以"洗澡"为例做自由接龙:洗澡→沐浴露→洗漱间→毛巾→汗水→额头→美人痣→皮肤病→红霉素→药膏→制药厂→机器→工人→衣服→棉花……

好了,你学会联想接龙训练了吗?学会了就开始做下面的练习题吧!

1. 由"清洁工"这个词开始,进行自由式联想接龙练习。

2. 由"大脑"这个词开始,进行自由式联想接龙练习。

3. 由"电脑"这个词开始,进行固定式联想接龙练习。

第四节 启动大脑创造力 建立联结

事物关联性训练源于达·芬奇的思想。达·芬奇认为，人并不孤立于自然或周围的所有事物，任何一个人都和自然或者周围的所有事物有所关联，只要你对周围的事物充满强烈的好奇，就可以从对事物及自身的观察、思考、想象中，捕获、发现新见解或细节，而这些新见解或者细节则可以让你对当前现象有更好的理解，并帮助你深入探索，从而开启未来。

这有助于发现新的联系，开启科学和哲学的全新领域，或至少打开你人生的新篇章。在我们每天的生活、工作、学习中都能找到关联性例子。例如，研发部门提供给客户的解决方案通常是结合各种产品和服务的优点，找到相互的关联性组合而成的；手机生产商为了满足每个人定格打动自己的每一瞬间的需求，就找到了照相机和手机的关联性，研发出了拍照手机；食品生产商找到了花生、薏米、黑米、红枣在食补上的关联性，制造出了广受喜爱的八宝粥。在学习中，很多用品也是因为找到了和某一事物的关联性，迅速提升了自身的价值。例如，国内的某一文具生产商因为找到了2008年北京奥运会和自己公司所生产文具的关联性，最终成为北京奥运会的赞助商，经过不到一个月的奥运比赛时间，迅速成为了国内外知名的文具品牌，给公司的发展开启了新的篇章。

那么，怎样才能在事物与事物，或者说创意与创意中迅速建立联系并找到关联性呢？答案其实很简单：启动大脑的创造力。创造力来源于每个人思维的深度、宽度以及广度。当思维无拘无束、灵动跳跃时，人就敢于大胆突破常规，不受逻辑法则和现实法则的约束，就能迅速找到事物之间的共同点，或者彼此之间存在的不同。对于思维导图的初学者来说，在寻找关联性的练习中还必须进行两个非常关键的能力训练——提高观察力和调动感官。

想要拥有敏锐的观察力，必须做到"坚持"。只要你有强烈的意愿并从今天开始改变自己，就可以随时随地利用身边的场景进行增强观察力的练习。下面提供的都是非常有效的训练方法：

（1）走在街道、公园或者旅游景点中时，边走边说出周围的花草树木、颜色、方位。

（2）观察身边匆匆而过的行人，当他从自己视线里消失后，立刻回想他的衣服、裤子、鞋帽的样式、身高、胖瘦以及身体最明显的特征等。

（3）经过商场时，迅速扫视一遍货架上的商品，等走出商场后，仔细回忆货架上的每一件物品，越多越好，越仔细越好。

（4）在电脑上玩一款游戏——"大家来找碴"，这对于培养观察力和视觉分辨能力非常有帮助。

（5）读完一篇文章后，用自己的语言将其中的场景或情节复述出来。

（6）看到电视新闻或者网上对自己有启发的故事，尽可能用场景描述的方式将其讲给朋友或者身边的人听。

（7）看完一部电影或者一集电视连续剧后，把里面的场景尽可能详尽地讲给身边的人。

我把上面这些观察力训练方法叫作"场景再现"训练法。其实在生活当中，运用"场景再现"训练观察力的机会很多，关键在于你是否会利用它。这种方法不仅可以培养观察力，更能提升思维发散能力和增强自我表达能力，练得越多，你就会发现自己寻找事物与事物、创意与创意之间的关联性的能力越来越强。

经过前面不断的练习，提升了观察能力后，调动感官就非常容易了。调动感官就是把每个人从外界所感知到视、听、嗅、味、触等信息输入自己的大脑，并在大脑里运用图像的形式呈现的过程。调动多感官，有助于提升记忆效率。

在《超级记忆力训练法（畅销升级版）》一书中，我跟大家讲过，一个人不管采取什么样的记忆存储模式，首先是通过五大感官来接收外界的信息。为什么同样的信息接收渠道，有些人记得快，有些人记得慢，更有甚者一点儿都记不住呢？这是因为每个人对五大感官的利用程度不一样。五大感官中，首先是视觉，人们不断通过自己的双眼来接收外界的图像信息，比如看电影、看电视等。其次是听觉，靠耳朵来学习吸收知识，比如听课或者听报告。有人在看书时会大声朗读从主动创造听觉上的刺激，方便大脑将各种信息联系在一起。再次是触觉，人体时刻在感知身边环境给自己带来的影响。最后就是味觉和嗅觉了，比如去餐厅吃饭，饭菜的香味首先会刺激嗅觉。吃在嘴里，感受到各种滋味，这是味觉。

绘制完思维导图，如果要熟练地记住绘制过程，就必须采取链式串联法调动五大感官（如何运用链式串联法请看《超级记忆力训练法（畅销升级版）》这本书，里面有详细操作步骤），把思维导图每一个主干所延展到枝干上的所有信息组合在一起，形成一个有效的链式记忆整体。当然，有些时候我们还需要对分支上的关键词进行一系列转换，比如字面展开、谐音等。现在我们就来进行五大感官的训练吧！

闭上眼睛深呼吸，让自己先平静下来，接着开始想象：自己正置身大海边金色的沙滩上，席地而坐，眼前是一片蔚蓝色的大海，一群穿着漂亮比基尼的女郎，在海滩上追逐嬉戏。海浪轻柔地拍打着金黄色的沙滩，蓝蓝的天空中，白云朵朵。你从随身携带的红色旅行袋里拿出一个柠檬，这柠檬是金黄色的，捏起来硬硬的。你从口袋里拿出一把锋利的小刀，在柠檬上切开一道深深的口子，用力捏了捏柠檬，汁液从切口中流出。你使劲将它掰成两半，将其中一半柠檬拿到鼻子前，闻一闻柠檬的香味，汁液流在你的手上，滴在你的腿上。现在，请张开嘴，咬一口柠檬。

通过阅读这段话，你的五感就被迅速调动起来了，尤其是到最后"请张开嘴，咬一口柠檬"这句话的时候，相信很多人会不由自主地分泌出唾液来，并且感受到柠檬那酸酸的味道，这就是调动了感官的结果。我们随时随地都可以训练自己的感官，比如离开了一个地方后，就尽可能地回忆在这个地方看到的、听到的、闻到的、摸到的、尝到的东西，对每一个细节的回忆越生动、形象、仔细越好。只要坚持不断练习,五大感官就会越灵敏。在应用链式串联法的时候,调动的感官越多,就越容易找到学习的最佳状态,在记忆资料的时候,速度就会越快,记忆的牢固度就越高,就越能体会到学习并熟练运用思维导图带来的乐趣了。

彩蛋2　用转结和跳跃建立事物关联性

做完上面的基础练习，下面进行事物与事物之间的关联性练习。在这里告诉大家一个寻找关联性的秘诀：有关系找关系，没有关系，强迫建立关系。在强迫建立关系的时候打破常规，任意发散思维，只要你自己认为它们之间有关联性就可以了。现在就从最简单的练习开始，找出两个事物之间的关联性。

例如，闹钟和照相机。

它们俩有什么关联性？如果从相同点开始寻找，可以得到以下的答案：都能发出声音；都要用到塑料；都要用到电；都需要工人组装；都要用模具；都有形状；都有数字；都用到玻璃；都可以挂在墙上；都有螺丝钉……

以上这些都是相同点，如果继续寻找的话，我们甚至可以找出上千条，前提是：你不要给自己预先设定限制，只要让自己的思维在事物与事物的相同点上自由发散就好。如果要寻找闹钟与照相机的不同点，则可以得到以下的答案：用途不同；使用方法不同；说明书不同；制作工艺不同；形状不同；生产商不同；发出的声音不同；颜色不同；使用的制造材料不同……

怎么样？我们可以从两个简单的事物之间找出这么多不同点，只要能去掉固有思维的局限——应该或者不应该、对或者不对、好或者不好等这些先入为主的观念，还可以找出更多不同点。如果在寻找事物与事物之间的关联性时思维更加多元，还可以得到以下让人眼前一亮的答案：

闹钟上的玻璃可以用塑料片代替，而照相机的玻璃则不行；

闹钟只能静静地挂置在物体上，照相机则可以带去风景区拍照；

闹钟只能作为指示时间的工具，照相机除了拍照之外还可以作为录像机使用；

闹钟的包装一般都比较简单，照相机的包装都比较精致和牢固；

闹钟和照相机都可以同时整合在手机上，但使用程序必须单独分开；

闹钟发出的声音很响亮，而照相机拍照时发出的声音很轻微；

闹钟的颜色相对多一些，而照相机的颜色相对单一……

只要启动大脑的创造力，每个人都可以发现两个看似毫不相关的事物之间存在的关联性。为了让每个人的创造力更加多元，选取两个事物做关联性练习的时候千万不要去选取同一类型的物品，比如：铅笔和钢笔、文具盒和文具袋、圆珠笔和水彩笔。同一类型的事物会阻碍创造力的延展，让思维出现断点。越是不同类型、不相关的物品对我们的训练越有帮助，例如，黑板和矿泉水瓶、汽车和房子、游泳池和洗衣机、学校和手机……

现在,请你做关联性练习,每组写出至少20个。

1. 汽车和轮船

2. 房子和汉堡

3. 羽绒服和兰花

4. 书本和喜鹊

当两个事物的关联性练习熟练以后,就应该进行三个、四个、五个以及更多事物关联性的进阶练习了。在做三个以上事物的关联性练习的时候，我们可以利用转结、跳跃两个小技巧，来打破"没有标准答案"的思维困境。在学习和工作中，太多的人每天都在寻求"标准答案"，但很多人一辈子都没有寻求到。其实，在工作和学习中所寻求到的"标准答案"就是一种个人认为"最好或者最适合"的关联性答案。这些关联性答案就是运用转结、跳跃这些技巧来寻找到的。现在我们就通过"萝卜、玫瑰、洗衣机"这个例子来学习这两个技巧吧。

1. 转结

一种不在同一层面上的纵向发散，提升了寻找关联性的宽度。萝卜、玫瑰、洗衣机本来就不是同一个类型的事物，如果我们不采用转结的方式，想出两三个答案就已经很不错了。而采用转结的方式就不一样了，例如，萝卜长在地里，玫瑰种在地里，洗衣机可以丢弃在地里。这就是用"土地"来转结一下，三个不在同一层面的物品就关联上了。当然我们还可以这样想：

萝卜被园丁拔掉了，玫瑰的枝叶正在被园丁修剪，洗衣机正在清洗园丁的衣服；

萝卜是白色，玫瑰花是红色，洗衣机是白色；

萝卜是小孩子的零食，玫瑰花被小孩子摘了，洗衣机正在清洗小孩子的衣服……

2. 跳跃

跳跃指的是一种天马行空的想象，不受逻辑的限制，只要你认为合适就好。心理学家戈洛万和斯塔林的实验表明，任何两个概念都可以经过四五个阶段建立联想。这一理论为"强迫建立关系"提供了支持。我们可以对"萝卜、玫瑰、洗衣机"进行大胆关联：萝卜、玫瑰、洗衣机都可以长出翅膀，在天空中自由地翱翔。你还可以这样大胆地创造关联：

萝卜、玫瑰、洗衣机都同时迈开大腿在高速公路上赛跑；

萝卜、玫瑰、洗衣机都抱着自己的孩子一起愉快地玩耍；

萝卜、玫瑰、洗衣机都扛着照相机在自拍；

萝卜、玫瑰、洗衣机一起在舞台上随着音乐的节奏跳舞；

萝卜、玫瑰、洗衣机都戴着帽子，在雪地里滑雪……

第三章
画出你的第一幅导图
CHAPTER 3

聪明人都在用
思维导图

聪明人都在用
思维导图
MIND MAP

第一节 绘制思维导图的六个规则

经过前面章节的练习,你的思维已经足够开阔了,现在开始我们的思维导图绘制之旅吧!

想要让自己成为思维导图的绘制高手,就必须熟练掌握思维导图的绘制规则。这些规则不是要限制思维,而是帮助我们更快地提升记忆力、思维能力和创造力。

规则一:绘制中心图。思维导图的中心图就是主题,也是整幅思维导图的核心。一张思维导图中最初确定的部分就是中心图。绘制中心图的时候最好用至少3种颜色(图3-1)。

图 3-1 我的"梦想"

如果实在画不了中心图,也可以直接写出主题文字作为中心图,但写的时候,字体的色彩应该多样,写完后还可以在字的周围用一些小图标点缀一下(图3-2)。绘制中心图是绘制思维导图的第一步,也是最关键的一步。同时,一幅思维导图只能绘制一个中心图,其他的分支都必须围绕这个中心图像展开。

图 3-2　时间管理

规则二:掌握思维导图的分支绘制结构和阅读顺序。绘制思维导图分支的基本顺序是,第一个分支从中心图的时钟钟面1~2点这个范围内的任一位置开始,其他分支按顺时针顺序绘制(图3-3)。因为思维导图的分支呈放射状的结构,采取这个顺序绘制思维导图可以让整幅思维导图的布局更加合理。同时,在阅读自己或者别人的思维导图时,按照顺时针方向阅读也会让眼睛感觉舒服自然。

图 3-3 导图绘制和阅读顺序

规则三：运用曲线。使用曲线是思维导图绘制时的关键要点之一。为什么要用曲线呢？因为曲线构成的思维导图更适合大脑的思维模式。运用粗细合理的曲线让中心图和各分支主题及主次顺序等有效联结起来，其实是反映了大脑由近及远的联想本能，在记忆的时候也更容易让大脑接受。尤其要强调的是，运用的曲线线条必须平滑，不能粗糙、有毛边或者左弯一下、右拐一下，各上级分支与下级分支联结的曲线之间要连上，不能断开（图3-4）。

图 3-4 思维导图的线条

规则四：每条曲线上只写一个关键词。在思维导图中，每个关键词都可以触发无限的联想，由中心图发散出去的独立曲线分支就像一棵棵茁壮成长的大树。关键词就是这些大树的主要枝杈，不断繁育出与它相关的、相互联系的一系列次级枝杈。为了让这些枝杈有效地联结起来，就必须确保每一个关键词都在曲线上面，就像是把关键词包起来一样，形成一个整体，这样能有效避免思维出现混乱，保证以树状结构为主、网状结构为辅的发散结构，让思维系统化。

图 3-5　思维导图的关键词

规则五：运用图片。在绘制思维导图的过程中，我们会把大量的资料和信息进行压缩，这些压缩后的资料有可能无法在思维导图上呈现出来，这时运用图像来呈现的话就会容易很多。同时，由于资料内容和图像产生高度的关联，不仅可以发挥出我们的创造性，还可以提高记忆力。运用图像时不需要你有多么高深的绘画功底，只需要根据我们前面讲的绘画技巧，熟练运用三角形、圆形和方形这三个基本形状就可以了。借由这三个基本形状和想象力，就足以绘画出各种简笔画、代码，甚至是三维立体的图形。这里需要注意的一点就是，所使用的各种简笔画图片、代码及三维立体的图形一定要和关键词内容紧密联系，这样才能有效刺激大脑，引起注意，通过图像让大脑联想到要表达的关键信息，只有做到这一点，才能真正发挥出图像的功效（图3-6）。

图 3-6　思维导图的图片

规则六：搭配颜色。在手绘思维导图的过程中，分支以及帮助提升记忆效果的图像都要搭配适当的颜色。在搭配颜色的时候千万要注意：从中心图发散出的每一个主干运用的是什么颜色，由此主干发散出去的分支一直到最后就必须采用同一种颜色，也就是每个主干到余下枝干都是同一种颜色，很多人也把这个规则叫作"一色到底"。

一色到底只针对线条，如果是绘制关键词旁边帮助记忆的各种图片，就要根据图片本来的颜色加以绘制了。色彩丰富的思维导图不但赏心悦目，还更加生动活泼，能够提高我们回顾、复习的记忆效果，激发出使用思维导图的兴趣。如果只用单一的颜色，不但提不起学习的兴趣，还非常容易引发视觉疲劳。比如，很多人只要拿起一本全部是黑色字体的书看，过不了多久就呼呼大睡了。色彩丰富的书具有美感，会带给我们愉悦的心情，因此，现在很多学生用的书本就再也不是全黑字了，而是多种颜色、多种字体交替呈现，给学生带来丰富的视觉感官刺激，激发出学生浓厚的学习兴趣。在思维导图绘制的过程中，千万不要为了满足色彩丰富这个规则，而不顾主题和分支的结构，胡乱上色，这也不可取（图3-7）。

图 3-7　思维导图的颜色

以上这些规则，没有轻重缓急之分，你必须全部熟练掌握。这些看似简单的规则可以让你在学习思维导图的时候少走弯路，节省大量的时间。按照以上的规则进行思维导图的创作，更容易建立良好的思维模式，不断激发出新的创意联结，发挥出思维导图这一先进思考和学习工具最大的功效（图3-8）。

图 3-8 思维导图绘制规则

第二节 思维导图绘制的准备工作

通过前面章节的学习，我们知道了大脑的工作原理，掌握了提高记忆的方式、方法，也了解了思维导图的起源和绘制规则，这些都是学习绘制思维导图之前的必修课。现在，你需要行动起来，拿起手中的笔，不要想太多，跟随着我所讲解的步骤，一步步完成属于你自己的第一幅思维导图。当你完成这幅思维导图后，你将会发现，思维导图正如标榜宣称的那样——人人都能学会！

要想完成一幅优秀的思维导图，准备工作相当重要，正如古人所说："凡事预则立，不预则废。"

第一个要准备的是"自己的大脑"。 在整个思维导图的绘制过程中，要充分挖掘大脑思维的"想象"与"联想"的特点，充分利用视觉、听觉、嗅觉、味觉、触觉这五大感官，将各种零散的智慧、资源等整合成为一个系统，然后呈现在纸张上，形成属于自己的思维导图。在这一过程中，想象力的作用非常重要，它让大脑不受任何约束，围绕中心主题内容进行思考，并及时闪现出需要的灵感，激发创造力和记忆潜能。很多上课的学员一听到这里，几乎异口同声地说："想象力？我现在都没有想象力了！"如果你也跟他们一样觉得自己缺乏想象力，那就把书翻回到前面的联想能力训练的章节，每天花10分钟的时间照着所讲述的方法着重训练一下，用不了多久，丰富的想象力就会呈现在你所绘制的思维导图上。

第二个要准备的是纸张。绘制思维导图一定要使用没有任何线条、褶皱和污渍的完全空白的纸张，A4及A3大小的纸最合适。任何有线条的纸张都会让大脑思维回归到线性思维的框架中，限制思维的发散。如果纸张上有小图标，不管是多是少，都会妨碍思维导图的绘制。这些小图标很容易和你绘制的图像混淆，让我们在回顾和复习思维导图的时候陷入思维混乱状态。完全空白的纸张可以让注意力聚焦在思考的源头，让思考不受任何限制地向四面八方拓展，为思维导图提供足够的空间和自由来记录各种细节。大多数情况下，为了便于携带和保存，采用A4的白纸绘制思维导图是最佳的选择。不管采用A3还是A4的空白纸张，一定要注意布局，保持整张思维导图的观赏性和分支结构的对称性。

第三个要准备的是铅笔、橡皮擦以及水彩笔或者马克笔。对于大多数初学者来讲，一开始就用有颜色的水笔或者马克笔直接在白纸上绘制导图，难度太大，一不小心，在内容组织以及布局的时候就会出现差错。如果在绘制过程中，有了新的灵感，这时想修改内容就是个大麻烦。直接在思维导图上又涂又改，既影响思维导图的美观度，又会让自己在以后复习与回顾的时候记忆混乱，导致记忆的精准度下降。不修改，又影响思维的完整性和整张思维导图的连贯性，最后只好重新拿一张白纸从头开始绘制，浪费了大量的时间，如果反复这样几次，就会让人丧失学习使用思维导图的信心，最后彻底放弃学习思维导图。对初学者建议是：刚开始学习绘制导图一定先用铅笔绘制出思维导图的草图，方便随时修改和增加新的创意，等完全组织好这幅思维导图的布局后，再用水彩笔绘制好导图的主、支干，这样既节约了时间，又保持了整幅思维导图的美观度。

第四个要准备的是不同颜色的中性水笔（至少8种）。在绘制思维导图的时候，不同颜色的中性水笔用来书写各个主干分支上的关键词和画一些图形，这样呈现出来的效果会非常醒目，易于被大脑注意和吸收，对思维导图的记忆和复习有非常大的帮助。

以上这些是绘制思维导图时必须要准备的材料。准备好这些材料以后，你将会发现自己突然有了一种跃跃欲试的冲动。这种冲动将会带领你走进一个全新的思维模式，培养自己的优势思维，迈入一个全新的思维世界。

第三节 四步绘制出第一幅思维导图

绘制思维导图第一步：画主题。

准备好绘制导图所需要的材料（白纸、笔、橡皮擦等）后，把纸张水平摆放在自己的面前，在白纸的中央画上一个彩色的图像来代表这幅思维导图的唯一主题。这是"画主题"这个步骤中最关键的一点。无论你选择什么样的主题，都必须把这个主题换成图像。转换图像的过程可以最大限度地发挥右脑潜能，提高记忆的能力。永远不要担心自己不会画图，使用一个简单的画图技巧就可以让中心图变得非常漂亮。比如，你实在是想不出如何绘制主题图像，就画上一个圆圈，再在这个圆圈的周围加上简单的几笔，一个简笔画的太阳图片就呈现出来了（图3-9）。

图 3-9　太阳姑娘

图 3-10　创造记忆天才

如果中心图是文字的话，你还可以考虑把文字图像化，最笨的方法就是先写上主题，再在主题的周围加上一些简单随意的形状（图3-10）。唯一的要求是这些形状最好夸张点，视觉效果强烈点，要能给你留下深刻印象。千万别小看自己的创造力和想象力，我们每天都生活在一个生机盎然的图画世界里面，画图是每个人与生俱来的本能。

现在，我们就以一个例子来学习思维导图主题的画法。假设现在要以"提高情商的途径"为主题画一幅思维导图，主题图可以是一个人脑，并标上EQ（情商）的样子，还可以画上种子发芽的图案表示"培养、提高"（图3-11）。当然你也可以用前面所讲的"圆圈"简笔画技法，画好后配上色彩就好。

绘制思维导图第二步：画主干。

中心主题画好了之后，就可以开

图 3-11　"提高情商的途径"主题图

始画联结中心主题向外辐射出去的主干了。主干是由中心主题衍生出来的第一层线条，必须要保持一个非常重要的原则：由粗到细，就像树枝向上生长变细一样。同时，分支要有发散感。此外，主干要均匀分布，这样整幅图在绘制完成后才会看起来平衡、有美感。主干的长度要略大于关键词的长度，就好像把文字包起来一样，必要时还可以用框框把关键字包围起来。以中心主题"提高情商的途径"为例，我发散出四个主干，分别是优点、幽默、读书、交友。由于这四个关键词是由中心主题直接发散出来的，所以，也可以称它们为"一级关键词"。主干也可以称为"一级分支"。把这四个一级关键词在主干上表现出来（图3-12）。

图 3-12 思维导图的分支

绘制思维导图第三步：画枝干。

画好主干内容后，我们接下来要做的就是将一级分支继续往下拓展，形成第二级分支或者更深一层的分支。让我们先从"提高情商的途径"的第一个主干"优点"开始下一步的拓展，比如自信、坚强、立足当下、目标明确都可以。第二个主干"幽默"可以从增加和减少两个方面来拓展。第三个主干"读书"可以联想到"书中自有颜如玉，书中自有黄金屋"，而书籍包括名人传记、励志、心理学、哲学等。第四个主干"交友"，可以联想到扩大自己的朋友圈，多参加聚会、舞会等活动，多跟人互动、交流、学习等。整理这些分支关键词，在思维导图的枝干上依次表现出来就可以了（图3-13）。

图 3-13　"提高情商的途径"思维导图

绘制思维导图第四步：画插图。

分支内容都画好之后，我们需要把思维导图中必不可少的一个部分添加上去，如果少掉这个步骤，就没有什么可以来提醒大脑的注意了。前面我们已经讲了如何运用技巧来绘制图像，现在就是把这些关键词转换成图像的时候了。由于每个人的经历、生活方式和习惯不同，思维模式也完全不同，因此每个人把关键词转化成图像的方式也会不一样。在绘制插图的这个环节里面，最重要的就是结合关键词发挥出你的想象力。只要相信自己的大脑，你一定可以绘制出自己认为合适的插图。当然，也并不是所有的关键词都需要用图像表示出来，结合我们刚才绘制的思维导图，第一个主干上的关键词"优点"就可以用一个"笑脸"的图像，"幽默"就画一个小丑，"读书"就画一本书，"交友"可以画两个手牵手的人。根据自己的理解和记忆习惯为剩下的主干和分支上的关键词加上一些插图，思维导图就变得非常生动了（图3-14）。

图3-14 为思维导图加插图

现在，一幅完整的思维导图就绘制完成了，看到这幅色彩鲜艳的思维导图，你是不是有一种特殊的感觉？这种新的学习方法是不是很快就让你进入了一个全新的学习状态？对于初学者来说，要熟练运用思维导图，必须要按照这四个步骤的先后顺序一步一步进行练习，千万不要急于求成，否则会给自己带来一些困扰。当然，如果你充分掌握了前面所讲的思维导图的绘制规则，再按照这个章节中所学习的绘制步骤勤加练习，并乐于跟别人分享你的思维导图，相信用不了多久，你就会成为思维导图的绘制和应用高手了。

第四节 关键词寻找方法一

经过前面的学习，我们已经能够完整绘制出一幅思维导图了，但这还不够，因为还需要强化一个最关键的核心要点——关键词。关键词就像开门的钥匙，在绘制思维导图的时候，将适合自己思维和记忆方式的关键词呈现在纸上，这是非常重要的能力。

在教学中，很多的学员在进行关键词发散训练的时候都显得非常苦恼，这是思维导图训练中必须经历的一个过程。因为在进行关键词发散训练的过程中，由于思维的固化，所发散出来的关键词常常只在自己所熟悉的范围里面循环，到最后进行归纳整理时，真正能用的关键词却所剩无几。

出现这种情况，不但要进行联想开花和联想接龙这两个训练，还得学会以下两种寻找关键词的方法，并在一些文章资料上加以实践。经过一段时间的练习后，你就可以迅速地找出绘制思维导图时所需要的核心关键词了。在采用关键词的时候，必须掌握一个关键要领——二八法则。

什么是二八法则呢？它是19世纪末20世纪初的意大利经济学家和社会

学家维弗雷多·帕累托提出的。他通过对群体的长期研究发现：在任何特定群体中，重要的因子通常只占少数，而不重要的因子则占多数，只要能控制具有重要性的少数因子即能控制全局。换句话来说，在特定群体中会出现一个典型的情况：80%的价值来自20%的因子，其他80%的因子只带来20%的价值。

根据这一理论，在思维导图的关键词运用时，可以进一步浓缩先前归纳整理出来的关键词，去掉那些不太重要的甚至是可有可无的80%，让剩余20%的精华发挥出更大的价值。经过进一步归纳整理后，剩余的20%核心关键词就是开门、关门的钥匙了，利用好这些钥匙，就可以轻松开启思维导图的运用之门。在绘制思维导图的时候，利用关键词，帮助我们完整掌握文章及资料的核心内容，并轻松完成整个思维导图的整体记忆，在需要的时候完整复述出来。现在，就运用下面的方法去找关键词吧：找出句子或者段落中的名词、动词、抽象词语以及专门用语等特殊词汇。

关键词性质1：名词。

选择名词作为关键词，最大的好处就是一听到这个词语，大脑中就能立刻出现一个立体鲜明的形象，记忆立刻变得轻松。例如，如果有人提起"闹钟"，我相信每个人的大脑里都会出现各种各样形状的闹钟，或者耳边就会响起闹钟叮叮铃铃的声音。因此，用名词作为思维导图的关键词就不会产生错误的认知，更厉害的是可以协助大脑记忆好绘制出来的思维导图内容。现在就试着找出下列段落中的名词来作为关键词。为了让大家更容易进入学习的状态，我们从相对容易的文章开始，慢慢过渡到比较深奥的文章。

第一个练习选择了一篇简单的文章《颐和园》的一个段落来练习，请你用红色的笔圈出你认为适合作为关键词的名词：

走完长廊，就来到了万寿山脚下。抬头一看，一座八角宝塔形的三层建筑耸立在半山腰上，黄色的琉璃瓦闪闪发光。那就是佛香阁。下面的一排排金碧辉煌的宫殿，就是排云殿。

登上万寿山，站在佛香阁的前面向下望，颐和园的景色大半收在眼底。葱郁的树丛，掩映着黄的绿的琉璃瓦屋顶和朱红的宫墙。正前面，昆明湖静得像一面镜子，绿得像一块碧玉。游船、画舫在湖面慢慢地滑过，几乎不留一点儿痕迹。向东远眺，隐隐约约可以望见几座古老的城楼和城里的白塔。

从万寿山下来，就是昆明湖。昆明湖围着长长的堤岸，堤上有好几座式样不同的石桥，两岸栽着数不清的倒垂的杨柳。湖中心有个小岛，远远望去，岛上一片葱绿，树丛中露出宫殿的一角。游人走过长长的石桥，就可以去小岛上玩。这座石桥有十七个桥洞，叫十七孔桥；桥栏杆上有上百根石柱，柱子上都雕刻着小狮子。这么多的狮子，姿态不一，没有哪两只是相同的。

做完上面的练习，是不是觉得非常容易呢？从简单的练习开始，感受每一天的进步吧。现在，再来试试阅读著名作家巴金先生写的《鸟的天堂》的片段，然后找出你认为适合作为关键词的名词，并在关键词的下面标注上横线。

当我说许多株榕树的时候，朋友们马上纠正我的错误。一个朋友说那只有一株榕树，另一个朋友说是两株。我见过不少榕树，这样大的还是第一次看见。

我们的船渐渐逼近榕树了。我有机会看清它的真面目,真是一株大树,枝干的数目不可计数。枝上又生根,有许多根直垂到地上,伸进泥土里。一部分树枝垂到水面。从远处看,就像一株大树卧在水面上。

榕树正在茂盛的时期,好像把它的全部生命力展示给我们看。那么多的绿叶,一簇堆在另一簇上面,不留一点缝隙。那翠绿的颜色,明亮地照耀着我们的眼睛,似乎每一片绿叶上都有一个新的生命在颤动。这美丽的南国的树!

船在树下泊了片刻。岸上很湿,我们没有上去。朋友说这里是"鸟的天堂",有许多鸟在这树上做巢,农民不许人去捉它们。我仿佛听见几只鸟扑翅的声音,等我注意去看,却不见一只鸟的影儿。只有无数的树根立在地上,像许多根木桩。土地是湿的,大概涨潮的时候河水会冲上岸去。"鸟的天堂"里没有一只鸟,我不禁这样想。于是船开了。一个朋友拨着桨,船缓缓地移向河中心。

关键词性质2:动词。

动词跟名词不一样,选择名词作为关键词虽然有鲜明的图像,但这个图像有时候显得有点呆板,不够活泼。比如,一提到"运动鞋"这个名词时,大多数人的脑海中就会想到自己家里的鞋柜里放置的那双运动鞋。鞋柜里面的鞋是静止不动的,所以缺少动态的美感,而动词恰恰可以运用一种动态的情景弥补名词的这个小小的不足之处。例如,一听到"跑"这个词,我们的大脑就会努力搜索出一个动态的场景,这个场景能迅速引起注意,在绘制和记忆思维导图内容的时候,更加轻松和容易。

练习：

计算机日常工作维护：不要大力敲击回车键；不要在键盘上面吃零食，喝饮料；用完光碟以后，一定要从光驱里取出；开机和关机之间最少停10秒；为了更好地散热，一定要把机箱两边的侧板盖上，否则机箱内会失去对流；不要用手摸屏幕；墙纸要定期更换，主要是为了保护显示器；显示器上不能有任何覆盖物；千万不要拿计算机主机来垫脚；一定不要让计算机与空调、电视机等家用电器使用同一组电源插座。

关键词性质3：抽象词。

接着我们来说说抽象词。在讲这个之前，我先请大家来看看下面这四组词语：

第一组：利益、不自由、邪恶、福气、获取、创造、专利权、奇特

第二组：担任、可知、价值、研究、压力、信任、对于、汉族

第三组：太平、发展、方案、矛盾、机会、载体、材料、奥秘

第四组：社会、政策、组合、谈判、运气、成功、锻炼、指挥

我们在平时的工作及学习中经常会遇到以上这样的材料。为什么这样讲？许多短语中完全不包含具象词，例如：

团队精神是一个集体成功的重要保证；

养成按规矩办事的行为习惯；

学会必要的让步和道歉；

正确评估的能力；

培养高尚的志趣；

积极情绪有益于心理健康；

科学地认识社会主义社会的特点；

社会和谐发展需要正义；

维护集体利益和荣誉；

关心和参与公共事务……

看到上面的这10个句子，如果让你迅速记忆的话，是不是感觉非常困难？在绘制思维导图的时候，如果你选择出的各个分支关键词正好全部是上面这样抽象的词语，那么按照自己的理解、思考、推理、找规律和联系等方式来记忆的话，不但浪费时间，还容易造成记忆疲劳。在思维导图中解决这个问题非常简单，只要把这些抽象的词语转换成自己生活及工作中熟悉的人、事、地、物并配上小图标，记忆就变得非常简单了。

现在，运用我们前面所讲授的绘画技巧，将下列内容中的代表物画出来。

1. 研究——你绘画的图像是：

2. 压力——你绘画的图像是：

3. 供给——你绘画的图像是：

4.对于——你绘画的图像是：

5.汉族——你绘画的图像是：

参考图像：

1.研究（谐音成"烟酒"）　2.压力（谐音成"鸭梨"）　3.供给（谐音成"公鸡"）

4.对于（谐音成"对鱼"）　5.汉族（谐音成"汗珠"）

关键词性质4：专门用语及特殊词汇。

最后再来说说专门用语及特殊词汇。专门用语是指在某一个特定的行业或者情景中才能使用的词语，不适用于其他的场景或者领域，且一旦设定了，几乎就是无法更改的。例如，在学习计算机编程的时候，我们常常会听到"内存""BIOS""CPU"等词语，这些都是专门用语。选择专门用语作为关键词，需要我们对这个行业有一点了解，否则要在文章或者资料中分辨出专门用语可不是那么容易的事情。请看下面的例子：

开机无显示：由于内存条与插槽接触不良，只要用橡皮擦来回擦拭其金手指部位即可解决问题（不要用酒精等清洗）。内存损坏或主板内存槽有问题也会造成此类故障。此外，主板BIOS乱了，恢复BIOS设置可以解决。若是主板或电源、CPU、显卡等硬件损坏，也会导致开机无显示。由于内存条原因造成开机无显示故障，主机扬声器一般都会长时间蜂鸣（针对Award BIOS而言）。

如果你对计算机一点都不了解的话，我相信你是很难清楚地理解上面这段话所表达的真正意思。如果需要针对上面这段资料绘制思维导图的话，就需要找出这些句子中的专门用词及特殊词汇才行，否则你绘制出来的思维导图，效果会大打折扣。现在，找出下面这段关于计算机故障排除处理资料中的专门用词及特殊词汇关键词吧。

宽带错误的提示代码：

错误代码718、619、691：属于账号密码问题。A. 用户输入账号、密码时输错，让用户重新输入。B. 账号到期，可去"IP综合系统"中查询账号是否到期。C.账号卡在网上：一般是用户下网时不断开网络连接或异常掉线所导致，可以让用户将猫和电脑的电源关闭10分钟以上再进行连接，一般可以解决。D.账号被偷：与互联网项目部进行联系解决。

错误代码676：属于机房设备问题，可让用户连续多拨几次即可登录。

错误代码769：此类错误原因是本地连接被用户禁用或者停用，主要出现在以太网猫的用户中，属于用户下网时错误断开网卡连接，造成网卡禁用，在"本地连接"中启用网卡即可。

错误代码678：可能是电脑和猫之间的网线没插好。网卡坏，网卡没驱动，猫假死机（把猫关了，停几分钟再开），猫坏，外线坏。

这段文字当中，专门用语及特殊词汇非常多，当然，由于每个人对文字的敏感性及生活、学习、工作环境不一样，对同一段文字也会有不同的见解，因此找出的专门用语及特殊词汇也不会完全相同，但你所找出来的关键词一定要是我们刚刚所谈论到的专门用语及特殊词汇。

第五节 关键词寻找方法二

归纳整理关键句是关键词法进阶运用的要点之一，使用这种方法可以在绘制思维导图的时候从大量复杂的堆砌文字中迅速找出自己想要学习运用的重点知识。例如，需要对一本书或者是一场讲座做思维导图笔记，如果不采用归纳整理关键句这一方法的话，就必须把书中大量的线性文字和讲座的讲义内容几乎一字不差地通通塞进大脑里，如此大量的线性文字不但会降低大脑的工作效率，还很容易让人在复述的时候失去逻辑脉络，那效果肯定是不如人意了。如果长时间采用这种线性的死记硬背方式，大多数人就会渐渐失去学习兴趣。

在绘制思维导图的时候，运用归纳整理后的关键句，看似只记住了零零散散的几个字或者几个词，甚至只是几个关键字组成的短句，却可以通过归纳整理好的关键字进行内容的扩展还原，从而运用导图的脉络把文章或者资料的内容轻松回忆出来。这就是采用了归纳整理关键字的方式，对大篇幅的文字资料进行压缩整理，形成一个个可以辐射四周内容的关键词或者关键句，在绘制思维导图的时候，再配上适合这些关键词或者关键句的图画，就可以轻松地记忆一本书或者是一场讲座的完整内容，记忆的效果也会更加持久和牢固。

现在，我们就从简单的句子开始练习，再过渡到文章的段落。看看下面的例子吧：

1. 春天迈着轻快的脚步飞快地向我们跑来了。

关键句：春天跑来了。

2. 太阳是个害羞的小姑娘，在乌云里遮遮掩掩，躲躲藏藏。

关键句：太阳躲藏在乌云里。

3. 一群群海鸥在大海上欢快地来回盘旋飞翔。

关键句：海鸥在飞翔。

4. 春天就像健壮的青年，充满朝气；春天就像健康的老人，令人回味。

关键句：春天像青年和老人。

5. 一大群晨跑的老爷爷，喘着大气，微笑着向我们点头和问好。

关键句：老爷爷向我们点头问好。

6. 我躺在黄土高原上，沐浴在黄土大地的怀抱中，让泥土的清香和暖风拂去一切郁闷和烦恼。

关键句：泥土和暖风拂去我的郁闷和烦恼。

看完上面的例子，你明白了吗？现在，请试着将下面的简单句子归纳整理成关键句，不要失去原来要表达的意思：

1. 狂风卷着乌云把飘浮在空中五颜六色的气球全都拍打爆炸了。

你的关键句：

2. 生命有时是"驿外断桥边，寂寞开无主"的无奈，但更是"路漫漫其修远兮，吾将上下而求索"的执着。

你的关键句：

3. 生活的海洋并不像碧波涟漪的西子湖，随着时间的流动，它时而平静如镜，时而浪花飞溅，时而巨浪冲天。

你的关键句：

4. 生活是蜿蜒在山中的小径，坎坷不平，沟崖在侧。摔倒了，要哭就哭吧，怕什么，不必装模作样。

你的关键句：

5. 生活给予了我们无穷无尽的困难，也在不断地开发我们的智慧。

你的关键句：

6. 成年后，每个人面前会有无数条路，只有两种选择，要么坐以待毙，要么选择一条路走下去，大多数人会选择走下去。

你的关键句：

7. 那盎然的春色是历经严寒洗礼后的英姿，那金秋的美景是接受酷暑熔炼后的结晶。

你的关键句：

8. 人生路上数之不尽的弯路，与弯路后未知的天地，不正是对勇士最好的馈赠吗？

你的关键句：

9. 平凡的生活中，我们需要用我们的心去发现美丽。

你的关键句：

做完上面这些简单的练习，现在我们来增加难度，请把下面这些长段落归纳整理成关键句：

1. 喜欢深阅读的人，会喜欢在春天踏青，感受风乎舞雩的惬意；会喜欢在夏夜谈心，感受蛙声一片的欣喜；会喜欢在秋天登高，感受落木萧萧的壮美；会喜欢在雪夜神游，感受万树梨花的凉意。

你的关键句：

2. 当我摊开掌心，无数的掌纹仿佛凌空而起，泛着萤火，交织成神秘的幻象；霎时是我魂牵梦萦的江南古镇，转瞬又融成玉龙雪山的清澈雪水，忽而一面经幡扬起庄严的图腾，最后耸立起一座孤崖。我临崖垂望。

你的关键句：

3. 走在人生的道路上，我们不能过分地羡慕别人的一切，不能一味仿效别人的路，而要坚定自己，走出一条属于自己的道路。

你的关键句：

4. 人们常常以为，成功多带有偶然性，殊不知，智慧女神的光芒更胜过幸运女神的眷顾。

你的关键句：

5. 如果我是山，要让山花灿烂，山风拂面，让每一处角落都渗透梦的语言，让我的价值在太阳底下展现。

你的关键句：

6. 历史给予我们丰富的素材，它的沉重与鲜活，它的豪放与乖张，它的执着与嬗变，都给人以启示。

你的关键句：

7. 人应当有合适的位置并从人性本位上去体现价值，而寻找它的道路上有穷关险隘，更需要睿智的成熟，而思想正如指航明灯，使人义无反顾地奔波于理想之路。

你的关键句：

8. 父亲呵，你是否依然执着地坐在岸边，哀怨地吹着笛子，等着儿子的归来？

你的关键句：

9. 人正如这生活大海上的一叶扁舟，摇曳不定，又如秋风中萧瑟的黄叶，经历了生的困惑与死的彷徨，人生的航道该何去何从？

你的关键句：

10. 没有人因为平凡而注定平庸，平凡的"雷锋"是和谐社会的螺丝钉，平凡的"焦裕禄"是两袖清风的丰碑，你和我只要找准自己的位置，平凡的岗位一样会有生命的亮色，平凡的付出一样可以汇聚成江海。

你的关键句：

第六节 对思维导图的误解

思维导图作为一种有效提升学习、思考、记忆、阅读，以及工作效能的高效方法和工具，涵盖了心理学、色彩学、图像学等方面内容，综合这些基础理论，用可视化的图标、创意文字、图像，以及颜色，呈现出每个人独特的心智思维的运作过程以及最后得到的结果。正是由于"可视化"这三个字，导致在学习和绘制思维导图的时候存在着几个误区。

第一，理解上的误区。思维导图作为一种"可视化"思维工具，直接呈现出大脑的思考内容，因此很多人也把思维导图叫作"思维地图"，还有人把它叫作"心智绘图"或者"心智图"。但这样的叫法，给很多思维导图的学习者带来了困惑。有些学习者在绘制思维导图时，只注重把线条、颜色和图画好，完全忽视了导图上呈现的内容，忽略了思维导图的本质和价值。思维导图的真正本质和价值是什么？答案很简单——思考的模式。

第二，把绘制思维导图当成绘画课。这点在很多学习思维导图的学员身上都会出现，在那些没有绘画基础和绘画技巧的学员身上表现得尤为明显。很多人看见别人画得栩栩如生的中心图或者插画，再看看自己画的"三不像"，立马就没有自信了。他们不断擦掉再画，一个中心图就画了一个小时，一个分支插画画了10~20分钟，完全把思维导图学习当成了绘画课，这样既浪费时间，又浪费精力。画不好插图，画不好中心图没有关系，你可以换一种形式来呈现（具体的呈现方式参照思维导图的绘制章节）。

第三，误认为思维导图是图文笔记。这里讲一下我的亲身经历。一次，一个朋友到办公室来谈点事情，当时我刚好读完一本书，正在绘制这本书的思维导图。这朋友一看我画的思维导图，淡淡地说了一句："哎，你这不就是个图文笔记嘛，什么思维导图，我看跟我做的笔记没有多大差别嘛。"听他说完，我没有回答，而是拿起书本，跟他说："就靠这张导图，我至少可以复述这本书80%的内容，现在我画完了，就可以复述出这张导图上的全部内容。"说完，我就把导图递给了他，自己把内容复述了一遍。听完后，朋友不说话了，还认真研究起我画的思维导图。最后我跟他讲："思维导图不是图文笔记，而是高效的思维工具，它以可视化的方式让大脑进行信息接收、记忆、分析、输出以及控制。"

以上这三点是最普遍的误区，希望大家在学习的过程中注意。

彩蛋3　梦想板制作

我在课堂中，经常问学员：你的梦想是什么？你想过3年后自己会成为什么样子吗？5年后你想成为什么样子？10年后的你会是什么样子？20年后，你的生活相对于现在有哪些改善？你的家人会因为你的成长过上什么样的生活？绝大多数学员们听完这些问题，都会陷入沉默，其中能真正详细并清晰回答这些问题的学员太少。

2018年的时候，我女儿的幼稚园开设了家长课堂专栏，在专栏里，每个家长必须要准备一个适合孩子们成长的主题，并安排好时间，每周一位家长在周三的下午去幼稚园跟孩子们分享。轮到我的时候，跟孩子们分享的主题就是说出你的梦想。在分享中，看到孩子们自信地站在台上说想要当医生、画家、宇航员、科学家、歌唱家等，并可以讲出一些具体实现这些梦想的行动计划时，我激动得流出了眼泪。那次分享中孩子们自信地说出自己梦想的场景至今一直深深地印在我的脑海里。我相信这些梦想的种子只要在心中开始萌芽，在学校老师及家长的正确引导下，孩子们收获的一定是更加美好的未来。

马丁·路德·金在《我有一个梦想》的演讲中说："人因梦想而伟大，因筑梦而踏实。"而现在职场中的许多人，越来越不敢梦，越来越不敢想，也越来越不敢去追随自己的梦想。一个人都不愿意给自己设定梦想，筑梦也就无从谈起，更不会感受到拥有梦想后，朝着梦想努力奔跑的美好。很多人对现状不满意，总在寻找一个重新来过的机会，但由于没有梦想的加持，更多的可能和更好的机会都被拒之门外，很多人就此在职场上浑浑噩噩地度过了几年、十几年，甚至一辈子。

看到那些通过自己的努力实现梦想的人，我总是非常感动。那些努力让梦想得以实现的人，都是因为梦想承载着许多的希望。马云说："梦想还是要有的，万一实现了呢。"

现在，我想问正在看这本书的你两个问题：你有梦想吗？你的梦想是什么？如果你能很明确地讲出来，那就请你把梦想画在自己的梦想板上。如果你还不清楚自己的梦想，是时候去探寻了，探寻到自己的梦想后，把它画在自己的梦想板上。

梦想板制作步骤：

1. 准备一个长方板。

2. 把自己的梦想（包括梦想的职位、梦想的物质生活、预计的成绩、美好的生活目标，以及未来的配偶标准等）列出来，作为梦想板的内容，但有一点，你所拥有的梦想不要太虚无。

3. 找出或者自己画出每一个梦想的图片，粘贴在设计好的梦想板上，并在每一个梦想的旁边写上实现此梦想的日期（如：×××于×年×月×日前拥有×××）。

4. 按照梦想实现时间的先后顺序，对着每个阶段要实现的梦想图片每天写十遍并视觉化，对自己进行鞭策，慢慢养成良好的习惯，直到完成自己的梦想。

好了，现在开始拿出笔，运用这个画好的梦想板中心图，画出你的梦想板导图，画出你要实现梦想导图中所有内容的行动计划，按照这些行动计划，一步一个脚印，坚定不移地努力，让自己的生命充满热情和生机。愿你的眼中常有光芒，活成自己想要的模样。

第四章
用思维导图提升学习力
CHAPTER 4

聪明人都在用
思维导图

聪明人都在用
思维导图
MIND MAP

第一节 全想快速阅读法

2015年，我出版了一本关于提升阅读能力的书《快速阅读训练法》，很多读者看完书后给我写了邮件，告诉我这本书讲述的提升阅读的方法给自己带来了很大的帮助，现在我把这本书的主要内容分享给大家。《快速阅读训练法》主要讲了从改变阅读方式到培养新的阅读方法的七个方面的内容。

第一方面，从意识和阅读习惯开始改变。 阅读会对一个人的成长产生很大的影响，但现在少有人能静下心来认真阅读了。很多人觉得阅读太耗费时间，其中最主要的原因就是没有形成良好的阅读习惯。这些不良的阅读习惯有音读、逐字阅读、回视返读、转动头颈、假阅读。不改掉这些不良的习惯，是无法学会全脑快速阅读的。在传统的阅读法中，书面上的文字信息先对眼睛产生刺激，视网膜接收到这种刺激之后，立刻把信息传输到大脑的视觉中枢，视觉中枢经过辨识处理传递到语言中枢进行进一步的辨识之后，再由语言中枢传递到听觉中枢，听觉中枢感知到文字信息的声音之后再传输到记忆中枢——左脑进行意义的记忆。

全想快速阅读法采用的是"眼脑直映"的方式进行阅读，书面上的文字信息对眼睛产生刺激之后，将所产生的整体文字图像直接传输到右脑，以图像的方式进行记忆，再经由左脑将图像解析，进行意义的辨识。这样的方式，会极大地提升阅读效率。

第二方面，要高度集中注意力。在全脑快速阅读时，集中注意力才能让大脑对书本上的信息进行高速的接收、编码、储存以及反馈。

运用最多的注意力训练方法就是固点凝视法和舒尔特方格法。这两个方法是全脑快速阅读训练中最基础的，能让视觉集中能力最大限度地发挥出来。在练习这两个方法的时候，还可以配合运用静坐冥想法。一般5分钟的冥想就可以让人心平气和。最后训练颜色图卡，颜色图卡是用红、黄、蓝、绿、黑等颜色绘制成的图形卡片，凝视这些卡片能够激活右脑，培养右脑的想象力，从而提升注意力。每天花上30分钟的时间进行训练，就会逐渐打开大脑的回路。在全想快速阅读训练中，经常采用黄卡、三色卡、黑白图形卡以及曼陀罗卡片进行残像训练和原像训练。

注意力
- 困点
- 纪昌
- 方法
- 舒尔特 数字 文字 字母
- 冥想 心态 之坡 四步法
- 色卡 黄卡 三色卡 黑白卡

第三方面，激活全脑思维。激活全脑思维要运用大脑的联结、转结和跳跃这三大思维。联结能力就是突破思维的局限，要最大限度地联结自己所有的知识及经验来拓展自己的思考路径，把自己的视觉、听觉、嗅觉、味觉和触觉一起调动起来，让书中的信息和外部所感知的信息进行有效的碰撞和对接。这种碰撞和对接会增加阅读的兴趣，增强阅读的动力。转结思维就是当大脑接收到一个新的信息或者刺激的时候，大脑深处的某一些特定的机能马上就会被激活，并立刻做出特定反应来应对启动大脑的跳跃思维。在跳跃思维的时候，建议大家从单一的词组开始练习，熟练到一定程度后，再结合书本上的资料进行全脑阅读的跳跃思维练习，这样达到的效果要好得多。当一个人能熟练启动跳跃思维，大脑对接收到的信息和资料就可以进行横向、纵向的想象，不再受逻辑的限制。在练习的时候，所跳跃发散出的思维不能和被发散词组出现在同一层面上。

最后激活五大感官，做抽象词语和句子的转换及自我催眠式的情景引导，多运用资料做环环相扣的训练以及在头脑中做影院幻化故事训练。

思维：基石 联结 转结 跳跃
五觉 转换 催眠 每一天
锁链 回想 还原 保持
影院：故事 生动 形象

第四方面，要熟练掌握思维导图笔记图卡的运用技巧。 在运用思维图卡的时候要做充分的准备工作：阅读这本书是出于什么目的？这本书讲了哪些内容？这本书的要点是什么？哪些是对自己重要的，哪些是不重要的？能否对自己阅读的内容做个清楚明了的阐述？

问完问题后，迅速找出一本书的整体骨架，仔细阅读书本的内容提要，弄清楚作者写这本书的意图，然后完整构建一本书的知识网络结构，最后从所阅读的句子或者段落中找出制作思维图卡所运用的关键字词。如果没有找出关键词，就必须采用归纳整理关键句的方法，整理出关键句。在整理关键词和关键句的时候可以采用二八法则。完成以上步骤后就可以制作思维图卡了。

符号 色彩 分支 主题 图卡
词语
特殊 专用 动·名 关键词 骨架 意图 推荐页
读后感 导读 目录 结构 提要
要点 内容 目的 提问 中心 思想

第五方面，眼商提升训练技巧。首先进行视点移动能力训练，这包括横向"之"字形、纵向"之"字形、对角线运动、8字形以及走迷宫训练。然后采用方形、圆形嵌套训练进行视幅范围扩展，提升余光区的感知能力。最后就是瞬间感知能力训练和词群阅读训练。

第六方面，掌握无声阅读的相关技巧。掌握这个技巧必须跨越四个关键的阶段。第1阶段：音读占90%，视读占10%。第2阶段：音读占60%，视读占40%。第3阶段：音读占40%，视读占60%。第4阶段：音读占5%以内，视读占95%以上。初学者提升无声阅读必须做到在不要求理解的情况下看到文字不发音，以及在达到理解的情况下看文字不发音。要做到这样，可以先从一些浅显的，或者自己非常熟悉的文字资料入手，以2~9个字为单位划分好，然后以120的节拍调整好节奏器，跟着节拍闪视文字，按照这两个要求做好21天完美无声阅读训练，一步一个脚印地打牢基本功。

第七方面，速读方法运用训练。在阅读的时候，我们从书本中收集信息的方法主要有三种：寻找阅读，粗略阅读，精读。这三种方式各有好处，并在全想快速阅读的三种基本训练方法中充分体现了出来。线式阅读，把若干个文字连接成一条线，作为一个阅读单位的一种阅读方法，这是一种过渡式的混合阅读方式。直视阅读法，是艾维琳·伍德12年的研究成果。面式阅读法，通过训练，最终可以达到一目多行、半页甚至整页的快速阅读。

第二节 SQ4R 读书法

"SQ4R"是由美国学者罗宾逊提出的读书方法。"SQ4R"是英语Survey（浏览）、Question（提问）、Read（阅读）、Recite（复述）、Revise（修订）、Review（复习）这六个词的词首缩写。一些教育学家和心理学家认为，这种读书法符合人们读书时的一般思维规律，有助于理解书本内容和增强个人记忆力。在我没有接触快速阅读训练的时候，也经常采用这样的方法来看书。运用在实际阅读中的具体步骤如下：

1. **Survey（浏览）**。快速翻阅书的前言、目录、结论、索引等。通过"浏览"这个步骤，快速获得对书本资料的大体印象，熟悉学习材料的部分章节要点、概要等，以获得对整本书内容的总体把握，建立起对书本阅读的整体概念及方向感，从而提高阅读的兴趣。

2. Question（提问）。哪些内容是已经了解的？哪些内容是想知道的？给自己提出一些问题，从而建立吸收新知的学习心态。通常我们在阅读的时候需要提出这三个方面的问题：

第一，通过前面的浏览，我已经通过内容提要知道了什么？我已经掌握了相关方面的什么信息？第二，这本书想告诉我什么？它想回答的可能是什么问题？作者将如何证明他的看法？他能通过举例来证实他的观点吗？第三，我想要通过本书的阅读得到什么？例如，这本书带给我哪些启发？读完这一章，我该知道这是什么或能做什么？我能把这些启发运用到实际工作中吗？

3. Read（阅读）。略读，理解大意，留意重点，对主要概念进行画线或摘录。如果没有经过浏览和提问阶段的准备就去阅读，常常会得不到透彻的理解或者心不在焉、注意力分散，导致不必要的重读。

4. Recite（复述）。选择重点内容复述，以加强印象。从头至尾温习一遍你刚刚读过的内容，通过口头复述、思维导图方式记笔记，或通过回答问题来做小结。通过复述，总结这本书的主要思想。遇到长或者复杂的段落，更有必要把书放下片刻，看看自己能否总结出主要观点。

5. Revise（修订）。试着用自己的话来陈述重点，以便修正复述时的错误或遗漏。在修订的过程中，尽可能地把书上重要的观点、概念和词汇画上下划线，或者在书页边上做笔记，并从所读材料中提炼出中心思想（主要观点），用自己的话写成简短的摘要。

6. Review（复习）。通过回想主要概念，找出关键词及重点字、句进行复习，达到融会贯通、举一反三的目的。

通过以上六个步骤，我们不仅能做到主动学习，还能因为产生好的学习成果而建立信心，增强学习的兴趣。"SQ4R"也能应用到日常生活中，例如，打算旅游时，先搜集浏览（Survey）资料，了解旅行的目的

（Question），阅读（Read）选定的行程，和亲朋好友讨论（Recite）预定的行程，看看他们的反应，再试着用不同的角度说明（Revise）。当然，在愉快的旅行后，别忘了和亲友分享旅游照片或是录像（Review）。如此一来，走马观花的旅行会变成体验生命的旅程，旅程会更加充实、圆满。

第三节 拥有超级记忆力

先讲一讲我的故事：在读书的时候，我的英语成绩一直很差，差到每一次考试的成绩老是倒数。每次考完，我都要接受父亲和老师的一阵"狂批和再教育"。虽然我也很努力地记忆英文单词，但是每一次都是第一天记住了，第二天早上起来又一个都不记得了，那时候我真是很沮丧，甚至开始害怕上课学习。

1999年的7月，一个偶然的机会，我在一个同学的帮助下参加了一个记忆力训练研习会。在这个记忆力训练研习会中，我有了深刻的体会：记不住学习的资料不是因为脑袋瓜笨，而是我没有运用正确的记忆方法。课程结束后，我把自己学习到的记忆方法迅速地运用到听课笔记、英语单词等记忆中。我惊喜地发现，每一堂课老师所讲的课程内容、英语单词，我竟然能复述出80%以上。拥有了这种让同学们羡慕、老师惊叹的超级记忆力，我的学习成绩也自然而然快速提升，在当年寒假期末考试的时候，我的英语成绩竟然考了年级第一名！毕业后，我应邀进入这家记忆力培训机构。短短两年的时间，我就从助教晋升为这家机构最年轻的培训讲师，那年我24岁。这就是这种能力带给我的改变。

到2022年，我从事脑力潜能开发培训已经整整20年了，在这20年中，我帮助一批又一批的学员通过课堂上的训练拥有了超强的记忆力、敏捷的思维能力以及快速阅读的能力，这些能力帮助他们迅速提升了考试成绩和工作业绩。每每接到学员们给我的报喜电话，我都会感到非常欣慰，这是对一个教师最大的奖赏。

现在是一个终身学习的时代，如果你拥有超强的记忆力，对所学习的各种资料记得快、记得牢，就可以把学到的各种资料及知识迅速储存在大脑里，把这些资料和知识转化成经验和智慧，做任何事情都可以达到事半功倍的效果，这样想象着自己的未来是不是很美好？事实却是：在现实生活、学习及工作中，很多人都觉得自己记忆力不好，记忆各种资料、材料都很难。

我的许多学员都觉得自己的记忆力天生就不好。我要告诉你的是：这实在是个很烂的借口！这是个会毁掉你一生成就与梦想的借口！但很多人已经习以为常了。在这里，我希望你立刻把这个想法抛弃掉，只有如此，你才能立刻行动，获得改变。我曾经在中学的时候看过一本书，书上的一句话驱使我不断地前行，今天我也把这句话送给你：一个人所拥有的能力，不是天生的，而是通过后天的努力不断训练出来的！

如何才能训练出自己超强的记忆力呢？其实很简单，就三个要点：正确的方法，巩固训练，融会贯通。 如果你看过我的《超级记忆力训练法（畅销升级版）》一定会有感触。如果你还没有看过也不要紧，我在这里就把书中的要点用思维导图的形式呈现出来，你跟着这张思维导图就可以习得正确的方法了，接下来运用这些方法去努力练习，达到融会贯通，你也就习得了超强的记忆能力。

第四节 把讲座变成思维导图

在前文，我们通过一张思维导图了解到了迅速提升记忆力的训练方法以及运用的技巧。跟着思维导图中所列出的方法和技巧，努力的训练后，我们就可以发挥超级记忆的魔力了。不过，在运用的时候，一定要做到灵活运用。现在就让我们运用思维导图这个工具，一起去听讲座，让"**一场讲座变成一张或两张思维导图**"。讲座完成后，运用超级记忆的方法，结合思维导图，完成记忆就可以了。

不过，对于初学者来说，在还不怎么熟练运用思维导图的情况下，一边听讲座，一边还要迅速画出思维导图，的确有一点难度。但是不用担心，只要掌握思维导图的绘制要点和步骤，做好绘制思维导图的一些准备工作，跟着下面的步骤操作就可以轻松地做到。

第一，在讲座开始前20分钟到达讲座会场或者教室，向主办方的工作人员领取有关本次讲座的资料。通过这些资料，迅速了解授课老师的情况、讲座的主题以及主要内容，如果主办方能够提供讲座的内容目录更好

（图4-1）。通常来说，现在的讲座主办方都很乐意提供你所需要的关于讲座方面的材料。

图 4-1　讲座材料

第二，如果主办方无法提供关于讲座的材料，你可以浏览会场、教室的布置，迅速认识周围听讲座的同学，通过和他们聊天了解本次讲课的主题及内容。根据他们提供的信息，迅速在笔记本或者白纸上画出这次讲座的一个大概内容速射图（图4-2），这个速射图就有点类似于我们前面讲过的联想开花。通过这个速射图，可以让大脑做好对于今天讲座新知识的吸收准备。

图 4-2　速射图

第三，通过前面所了解到的资料，尝试在笔记本上或者专门用于本次讲座笔记的纸上，画出跟讲座主题及内容相关的中心图和不同颜色的3~7个主干分支。前面这三点完成后，基本上讲座也就开始了，那就可以跟着老师的讲解进行下面的步骤了。

第四，根据本次讲座老师讲述的内容，迅速整理归纳并确立好各个主干及余下分支的关键词，这是非常重要的。如果一时无法确立好主干、分支的关键词，则需要把老师投影在电子白板或者投影幕墙上的关键内容，迅速记在另一张笔记纸上。做到这些后，再跟着老师讲授的内容画出各个分支，如果觉得内容不太重要，就可以不用太详细地记录，只需要做好备注，用一两个分支附在另一个分支上就可以。如果时间充足，甚至可以在比较重要的内容关键词的旁边画出图画，加深印象。

第五，熟练使用思维导图听讲座的同学，基本上讲座结束，一张关于本次讲座内容及精华要点的思维导图就完成了。对于初学者来说，效率可能就没有那么高，听完讲座后，做出来的思维导图可能只是个半成品，那就需要花点儿时间，在讲座结束后，结合刚才记录的关键内容，整理好关键词，一步一步地把剩余部分导图内容完成。完成后，根据思维导图对本次讲座进行回顾修正，运用超级记忆的方法完成内容的记忆（图4-3）。

图 4-3　"全想记忆"讲座的思维导图

第五节 用思维导图做课堂笔记

大多数学生的笔记都是把老师在黑板上的内容全部照搬在笔记本上，整本笔记本上都是黑黑白白、蓝蓝白白或是蓝黑加白色的单词、古文、公式等文字性记录，这样的线性笔记难以引起学习的兴趣和乐趣。因此，很多学生在听完老师的讲课后，根本都不会再对笔记进行有效的复习，学生成绩好起来才是怪事。

讲到这里，我想起了自己第一次参加思维导图风暴训练营时的一件事情。那是在训练营第二天的第一节课上，老师检查完全部30个学员的课堂笔记之后，立刻让所有的学员现场复述笔记内容。结果，大家在丢掉笔记本进行复述的时候不但思维混乱，而且没有一个学员能复述80%以上的内容框架，因此全部被老师定义为"不会做笔记的人"。

为什么会这样？原因就是所有学员的课堂笔记只是把老师头一天讲的PPT页面上的内容照抄在了笔记本上，而没有真正让课堂笔记存储在大脑里面。而今天，当你学会绘制思维导图以后，就可以让自己成为一个"真正会做笔记的人"！

  用思维导图做笔记，可以对我们的记忆和学习产生巨大的影响。在记忆的时候，我们只记忆相关的词，这样可以节省90%以上的时间，可以让注意力更加集中，聚焦于真正的要点，缩短80%以上的复习时间。在课堂上，我们可以一边听，一边绘制思维导图。根据讲解者所讲的内容找出一些基本的概念和重点的内容，做成几个大的主干框架，再根据讲解者对每个主干框架的延展，做出其他的分支。

  如果听课时面临的是讲解者没有使用PPT制作课件的线性讲座或者直接宣读的情况，你需要在课程开始前向讲解者或者主办方索要与今天课程内容相关的材料，以便于你在课程开始之前，画出一个与讲课主题相关的中央图和尽量多的主干及分支，记下重要的关键词和需要的图片内容。当然，在课堂上这样绘制出来的思维导图笔记最多只是个半成品，你必须在讲解者讲解完成以后，回忆并修正你的这幅思维导图笔记，在重点部分再绘制上一些图像，让信息变得鲜活而生动，加深你对本次课程的理解。

  如果你需要知道在课堂上做思维导图的步骤，请参照前面章节中讲的用思维导图听公开讲座的五个步骤。现在，我们就来对传统课堂笔记和思维导图课堂笔记做个对比，看看你喜欢哪一种笔记方式，看看你是不是一个会做笔记的人。

领导力法则 课堂笔记

2015.7.14.于上海听课录.

1. 盖子法则：领导力决定一个人的成效水平。例子：麦当劳的巨大成功.

2. 影响力法则：衡量领导力的真正尺度。例子：林肯在战争结束后成二等兵的故事.

3. 过程法则：领导力来自日积月累，而非一日之功。例子：美国罗斯福总统.

4. 导航法则：谁都可以掌舵，但只有领导者才能设定航线。例子：冒险家走向世界尽头.

5. 增值法则：领导者为他人提升价值.

6. 根基法则：信任乃是领导力的根基。例子：越南战争，麦克纳马拉的例子.

7. 尊重法则：人们通常愿意追随比自己强的领导者.

8. 直觉法则：领导者善于运用领导直觉评估每件事务.

9. 吸引力法则：你只能吸引和你相似的人，而无法吸引想要的人.

10. 亲和力法则：领导者深知，得人之前必先得其心.

11. 核心圈法则：一个领导者的潜力，由最接近他的人决定.

12. 授权法则：有安全感的领导者才会授权于人.

QinDiLi

图 4-4 传统课堂笔记

图 4-5 思维导图课堂笔记

彩蛋4　制订高效学习计划

在学习中，科学安排学习计划和学习时间，是掌握学习主动性的不二法宝。学习的计划要合理，从自己的实际情况出发，不要脱离实际。学习计划制订时对于时间的安排要力争"时时有事做，事事有时做"，保持旺盛的精力，使自己的学习变得轻松愉快、生动有趣。如果你能用思维导图绘制出属于自己的学习计划，就可以让它成为推动你主动学习和克服困难的内在动力。那么，如何做好一个高效的学习计划呢？

第一步，确定一个正确的学习或者工作目标。这个目标就成为思维导图的中心主题，并用色彩鲜艳的图片表示出来。如果你的工作目标是买一栋大的房子，最好把中心图画成一栋风景优美的别墅，这样可以激发你的潜意识力量，产生更大的行动力，完成目标计划。

第二步，将中心主题分解为阶段性的小目标行动计划，并用主干分支表现出来，然后采用"剥洋葱法"对主干分支进行层层分解，直到分解出的分支自己能有效地完成，最后在每一个需要强调的分支上绘上小图标并上色。

第三步，如果一个目标分支有必要再详细分析，可以在目标分支旁写上引号，然后在纸的空白地方写上对应的引号和分析的内容。如果想强调各个目标分支的关系，还可以用箭头等直观表示。如果用箭头不方便直观表示各目标分支的关系，也可以在有关系的目标分支旁分别画上相同的图标来表示。

第四步，把绘制出来的思维导图计划贴在你工作的地方或者卧室里面，实时检查计划的完成进度。每完成一个分支计划，必须对自己有一个鼓励。如果完成起来有问题，必须找到问题出现的原因，采取相应的措施，调整计划，或者排除自己完成计划的干扰因素。

第五步，学以致用，请用思维导图为自己做一个计划吧。

高效学习计划

1. 设置目标
- 中心图：彩色
- 房子：别墅
- 风景：优美
- 激发
  - 力量
  - 行动力

2. 分解
- 小目标
  - 步骤：先后
  - 主干：表现
- 剥洋葱法：分支

3. 分析
- 详细：引号""运用
- 空白：内容增添
- 强调！！！关系
- 箭头：关联
- 图标

4. 具暴(体)
- 张贴：卧室、工作间、醒目
- 实施：进度、检查
- 完成：鼓励
- 规划：调整
- 措施：改进
- 问题
- 干扰：排除

5. 实践
- 思维导图：文字、图像、生动
- 做计划：行动、修正、坚定
- 实地：脚踏
- 致用：学以

第五章
提升工作力的思维导图
CHAPTER 5

聪明人都在用
思维导图

聪明人都在用
思维导图
MIND MAP

第一节 戴上六顶思考帽做决策

在思考决策的时候，我个人非常偏爱六项思考帽决策法，戴上六项思考帽，从不同的角度去思考，它可以瞬间让我们的思考更加全面，迅速将一个人混乱的思维变得清晰，使每个人变得富有创造性。

六项思考帽决策法是"平行思维"的工具，它的发明者是英国学者爱德华·德·波诺博士。爱德华·德·波诺指出："思考的最大障碍在于混乱，我们总是试图同时做太多的事情。情感、信息、逻辑、希望和创造性则蜂拥而来，如同抛耍太多的球。"

在思考的时候，我们往往同时顾及许多方面：要照顾事实，又要建立其中的逻辑关系，同时又不能暂且割裂各种因素，这些都经常造成我们思考上的障碍，影响我们做出最佳的判断或选择。**六项思考帽的要旨在于，不要同时思考太多事情**。思考者要学会将逻辑与情感、创造与信息等区分开来，一次只戴一顶帽子，一次只用一种方式进行思考，避免将时间浪费在相互争执上，从而将各顶帽子在思考时的作用完全体现出来。

白色思考帽像白纸，代表中性和客观，集中所有人的智慧、知识和资源，尽可能地提供客观的事实和数据，而不是陷入观念的怪圈（图5-1）。

图 5-1　白色思考帽

红色思考帽像火焰，代表情绪、直觉和感情。它提供的是感性看法，注重的是思维中的一些非理性的因素，你完全可以凭着对某一件事的主观感觉来判断它（图5-2）。

图 5-2　红色思考帽

黑色思考帽像法官的黑袍，代表冷静和严肃。它意味着小心和谨慎，发现任一观点的风险所在。黑色思考帽主要有两个作用：发现缺点，做出评价（图5-3）。

图5-3　黑色思考帽

黄色思考帽像阳光。它意味着乐观、充满希望的积极思考。不过在充满希望的背后，必须要有足够的理由来提供支持，因为黄色思考帽是一顶强调逻辑的帽子（图5-4）。

图5-4　黄色思考帽

绿色是草地和蔬菜的颜色，代表丰富、肥沃和生机。绿色思考帽指向的是创造性和新观点，允许各种可能性，努力表现出创造的欲望，寻求新想法（图5-5）。

图 5-5　绿色思考帽

蓝色是冷色，蓝色思考帽是对思考过程和其他思考帽的控制和组织。它可以将思考过程有效地组织、协调，充分调动我们身体内未被激发的潜能因子，就像是一个乐队的指挥者，将音乐的起承转折演绎得生动完美（图5-6）。

图 5-6　蓝色思考帽

透过六项思考帽与思维导图的结合使用，可以提高思考的效率，同时也提供了一种全新的思考方式。现在，请你将六项思考帽的精髓做成一幅思维导图，帮助自己更有效地思考。

第二节 用GTD管理时间

世界上最公平的就是时间，我们每个人每天的时间都是完全一样的，不同之处在于我们如何去支配它们。进入职场以后，很多时候往往有机会去很好地计划和完成一件事，但常常却又没有及时地去做，随着时间的推移，需要处理的事情越来越多，造成工作效率严重下降，给自己的职场发展带来严重的阻碍。因此，如何科学管理自己的时间并有效地利用变得非常重要。

GTD时间管理法来自David Allen的一本畅销书 *Getting Things Done*。这本书的中文版本叫《搞定：无压工作的艺术》。人们用英文书名的缩写GTD作为这种时间管理法的代称。

GTD的具体做法可以分成以下十个步骤：

1. **收集**。将你能够想到的所有的未尽事宜统统罗列出来，放入inbox（收件箱）中，这个inbox既可以是用来放置各种实物的实际的文件夹或者篮子，也可以是用来记录各种事项的纸张或PDA。收集的关键在于把一切赶出你的大脑，记录下所有的工作。

2. **整理**。将未尽事宜放入inbox之后，就需要定期或不定期地进行整理，清空inbox。将这些stuff按是否可以付诸行动进行区分整理，对于不能付诸行动的内容，可以进一步分为参考资料、日后可能需要处理的垃圾，而对可行动的内容再考虑是否可在两分钟内完成，如果可以则立即行动完成它，如果不行就再对下一步行动进行组织。

3. **组织**。组织是GTD时间管理中最核心的一环，组织就是建立清单，将inbox中的事务进行分门别类。

4. **下一步行动**。对于每个需要你关注的事项，定好你可以实际采取的下一步行动。

5. **项目**。每个需要多于一个实际行动才能达到的生活或者工作中的"开放式回路"就是一个"项目"，使用跟踪以及周期性的回顾来确保每个项目都有一个下一步的行动计划。

6. **等待**。当你已经指派了一个事项给其他人或者在项目进行下去之前需要等待外部的反馈时，就应当在你的系统中跟踪并定期检查是否已经可以采取行动或者需要发出一个提醒。

7. **将来/可能**。这些事情你需要在某个点去做，但不是马上要去做。对于此类事情，制订一个日历是重要的。

8. **归档系统**。归档系统必须是简单、易用而有趣的。即使你只是用一张纸来记录参考信息，它不属于你已经有的一个目录，也要有自己的文件组织方式。

9. **回顾**。回顾也是GTD中的一个重要步骤，一般需要每周进行回顾与检查，通过回顾及检查你的所有清单并进行更新，可以确保GTD系统的运作，而且在回顾的同时可能还需要进行未来一周的计划工作。

10. **执行**。现在你可以按照清单开始行动了，在具体行动中可能会需要根据所处的环境、时间的多少、精力情况以及重要性来选择清单以及清单上的事项来行动。

以上步骤运用起来非常方便，GTD时间管理就像时间管理机器，在运用中不断完善，自己的工作效能会极大地提升。

第三节 用PDCA提高工作质量

PDCA循环是美国质量管理专家休哈特博士首先提出的，后被戴明采纳、宣传，由此获得普及，所以又称戴明环。如果一个人或者企业要全面做好工作及其他质量管理，那么其思想基础和方法依据就是PDCA循环。PDCA循环是将质量管理分为四个阶段，即计划、执行、检查、处理。在质量管理活动中，要求把各项工作按照此循环做出计划、实施计划、检查实施效果，然后将成功的纳入标准，不成功的留待下一循环去解决。

PDCA是英语单词Plan（计划）、Do（执行）、Check（检查）和Act（处理）的首字母缩写。PDCA循环就是按照这样的顺序进行质量管理，并且循环地进行下去的科学程序。

第一步：Plan（计划）。根据顾客的要求和组织的方针，为提供结果建立必要的目标和过程。这一过程需要从四个方面入手：

（1）选择目标，分析现状，找出问题。强调的是对现状的把握和发现问题的意识、能力，发现问题是解决问题的第一步，是分析问题的条件。

（2）定目标，分析问题产生的原因。找准问题后，分析问题产生的原因至关重要，运用头脑风暴法等多种集思广益的科学方法，把导致问题的所有原因统统找出来。

（3）做出各种方案并确定最佳方案。区分主因和次因是有效解决问题的关键。

（4）拟订措施，制订计划。有了好的方案，其中的细节也不能忽视。要想完成好计划的内容，需要将方案步骤具体化，逐一制订对策，明确回答出方案中的"5W1H"。

第二步：Do（执行）。按照预定的计划、标准，根据已知的内外部信息，设计出具体的行动方法、方案，进行布局，再根据行动方案和布局，进行具体操作，努力实现预期目标。在这一阶段，除了按计划和方案实施外，还必须要对过程进行测量，确保工作能够按计划进度实施。同时进行数据采集，建立原始记录和数据等项目文档。

第三步：Check（检查）。确认实施方案是否达到了目标。使用采集的数据来检查效果，确认目标是否完成。若是未出现预期目标，首先应确认是否有严格按照计划实施对策，若是有严格按照计划执行，则说明对策失效，需要重新确定方案。

第四步：Act（处理）。处理分为两个方面：

（1）标准化，固定成绩。对已被证明有成效的措施，要进行标准化，制定成工作标准，以便以后的执行和推广。

（2）问题总结，处理遗留问题。所有问题不可能在一个PDCA循环中全部解决，遗留的问题会自动转入下一个PDCA循环，如此，周而复始，螺旋上升。

PDCA循环法可以使我们的思想方法和工作步骤更加条理化、系统化、图像化和科学化，这四化是由PDCA循环法的两个特点所决定的。

（1）大环套小环，小环保大环，推动大循环。如果把整个团队或者企业的工作作为一个大的PDCA循环，那么各人、部门、小组都有各自小的戴明循环，就像一个行星轮系一样，大环带动小环，一级带一级，有机地构成一个运转的体系。

（2）不断提升，阶梯式上升。PDCA循环不是在同一水平上循环，每循环一次，就解决一部分问题，取得一部分成果，工作就前进一步，水平就提高一步。到了下一次循环，又有了新的目标和内容，更上一层楼。

PDCA 思维导图

A 处理
- 经验 / 教训
- 肯定 / 失败 / 总结
- 标准 / 标准化
- 固定 / 改善
- 执行 / 推广
- PDCA 提交 问题

来源
- 美国 休哈特 提出
- 戴明环 戴明
- 采纳 / 普及 / 宣传

作用
- 工作程序：有效 进行，合乎逻辑
- 方式 展开：科学
- 管理 质量：高效，改进，优化

P 计划
- 汇总 问题 选择 发现
- 分析 现状
- 目标 确定 头脑风暴
- 拟定 解决 措施 5W1H
- 原因 区分 主因 / 次因

D 执行
- 具体 方法
- 操作 测量 布局
- 预期
- 实现 进度
- 采集 数据
- 记录 原始 项目 文档

C 检查
- 目标 达成 方案 确认
- 效果 实施 达到
- 找原因 未达成 结果
- 重定 计划 失效

第五章 提升工作力的思维导图

第四节 让你快速晋升的思维导图

如果你想要在职场上快速晋升，成就自己，那么你必须要对工作有足够的敬畏，保持一个完美的职业形象，也就是说，你必须让自己"看起来像一个领导者"，长此以往，你自然而然就会晋升成一个领导者。每次在台下倾听别人的演讲时，我就想象着台上那个讲话流利、滔滔不绝、言之有理、言之有物的人是我。久而久之，我真的在这样的自我暗示中成为一个优秀的老师。当然，要成为一个优秀的老师，光这样想象是没有用的，还必须努力学习，用知识充实、武装自己的头脑才可以。你可以先装扮成"那个样子"，直到你努力成为"那个样子"！在你努力成为"那个样子"的过程中，不仅你的外表、谈吐和举止要像个领导者，很多特质也会向"领导者"的方向转变。这些特质是看不见、摸不着的，但它们却是晋升的根本，这些特质包括：

1. 销售自己。 在现在这个全员销售的时代里，销售自己成为每个职场人士必须具备的能力。这里的销售并不是让你去推销公司的产品让顾客购买，而是在工作中尽力把自己的能力和才华展现给上司和同事，让他们从心底里认同你。如果你不懂得如何销售自己，就算你才华盖世，也犹如埋在地下的钻石，最终还是没有人欣赏到你耀眼的夺目光芒。

2. **不断学习，提升价值**。在这个知识资讯每天都不断翻新的时代，只有不断学习新的知识、技能等，才能提升自己的价值，从而创造更大的价值。一个人如果不善于学习，甚至不学习，自身就会很快贬值。当自身的价值落后于他人对你的期待时，就只能被淘汰。

3. **积极进取**。积极是笑对人生酸甜苦辣的一种乐观态度，进取则代表着对未来有勇于开拓的精神。试想一下，有这样的两种员工：一种是做一天和尚撞一天钟，另一种则是拥有乐观的态度和勇于进取的精神，不断创造业绩，如果你是老板或者团队的领导，你喜欢哪一种员工？毫无疑问，是后一种。老板或者团队领导将视后一种员工为"人财"，他不但可以激发团队的潜能，还可以提升公司或者团队的价值。这样的"人财"谁不爱？

4. 积极分担。对于一个优秀的职场人士来说，积极做事、做对事、做好事不仅体现在本职工作上，也体现在愿意接受额外的工作，能够为公司或者领导分忧解难。有些时候，额外的工作对公司或者团队及领导来说，往往是紧急而重要的，主动尽心尽力地完成，对自己来说也是一种锻炼，还可以收获宝贵的经验。这些经验会不断地充实自己，让自己在晋升之时，赢得宝贵的筹码。在多年的课程训练中，我见过许多形形色色的人，其中有两种人令我印象最为深刻：一种人是只做上级交代的事情，另一种人是做不好上级交代事情。这两种人在现在的职场中，都只能在卑微的工作岗位上耗费自己的时光，而毫无建树。

5. 低调做人。 民间有句谚语："低头的是稻穗，昂头的是稗子。"越成熟、越饱满的稻穗，头垂得越低；只有那些稗子，才会显摆招摇，始终把头抬得老高。在职场上，低调做人，与人和谐相处，是一种品格，一种风度，一种智慧，是做职场人的最佳姿态，只有真正成熟的人才能做到这一点。无论从事什么职业，只有低下头，全心全意，尽职尽责地工作，才能在自己的领域里出类拔萃。

6. 高调做事。高调做事，其实就是在做事的时候乐于沟通。我这里讲一个真实的事情，一次我在一家企业讲完"如何运用图像有效沟通"的培训课后，一个员工找到我，跟我讲述了自己的苦恼。这家企业是他毕业后选择的第一份工作，为了好好地工作，每天全力以赴，三年来一直兢兢业业，累死累活，但别人好像都没有发现，尤其是自己的领导，似乎从来没有表扬过自己。听着他的倾诉，我知道，在职场中，有这样苦恼的职场人并不只有他一个。原因很简单，这类人做事太低调了，没有跟同事、领导或者老板积极地沟通。在职场中，低调做人是智慧，但低调做事一定是傻瓜。最后我告诉他，从今天开始，低调做人，高调做事，每做完一项工作都要主动跟同事、老板或者领导积极沟通，如果有需要，甚至可以让领导提出需要修正的意见。否则的话，做得再多、做得再好都没有用，有些时候，因为你没有高调地做事，让老板知道你做了什么，你所创造的成绩只会成为别人晋升的资本，而你却得不到应有的奖赏。

完美晋升方略

做事
- 负责任
- 沟通 东于
- 高调
- 领导 知晓 无人 低调
- 老板
- 修正 进程 汇报 主动

会销售自己
- 展示 才华
- 职场 能力 必备
- 不会 展现 淹没 才能

学习
- 提升 素养
- 创造 价值 创新
- 不会 学 贬值 淘汰

做人
- 饱满 低头 稻子
- 智慧 最佳 成熟 和谐
- 拔萃 出类 尽责 尽职

职场攻略 进取心
- "人财" 乐观 向上 高绩效
- 激发 潜能
- 提高 公司 团队
- 未来 勇于
- 拥有 资讯 开拓
- 空间 人脉 钱途 市场 业绩

- 上级交待 只做 无成就 工作 人 积极
- 上级交待 做不好
- 领导 分忧 愿意 做好 做对 砝码 晋升↑
- 经验

第六章
用思维导图成就人生
CHAPTER 6

聪明人都在用
思维导图

聪明人都在用
思维导图
MIND MAP

第一节 高效率人士的法则

2008年，从上海回重庆老家过春节，在机场里的书店，我买了史蒂芬·柯维的《高效能人士7个习惯》这本书，借以打发在飞机上2个多小时的无聊时光。书中所讲授的7个习惯，改善了我工作学习的效能。书中强调，现在社会竞争越来越激烈，"效率"这个词已经过时了，大家关心的是"效能"，简单来说，就是既要有效率，又要有效果。但现在很多人在工作中是有效率、没效果。

在此，我将这7个习惯分享给大家，希望大家也能从中获得启发。习惯不是一天两天能养成的，只有熟记书中精髓并执行，才能真正对自己产生巨大的帮助。

习惯一：积极主动。积极主动即采取主动，为自己过去、现在和未来的行为负责，并依据原则和价值观，而不是根据情绪和外在环境来下决定。主动积极的人是变革的催生剂，他们放弃被动的受害者的角色，不自卑，不怨怼，发扬自知、良知、想象力和自主意志，积极主动，以由内而外的方式来创造改变。

习惯二：以终为始。所有事物都会经过两次创造，先是在脑海里酝酿，其次才是实质的创造。个人、家庭、团队和组织在做任何计划时，均先拟出愿景和目标，并据此畅想未来，全心专注于自己最重视的原则、价值观、关系及目标。领导工作的核心就是在共有的使命、愿景和价值观的基础之上，创造出一种文化。

习惯三：要事第一。要事即实质的创造，是梦想（你的目标、愿景、价值观及要事处理顺序）的组织和时间。次要的事不必摆在第一，要事也不能放在第二。无论迫切性如何，个人及组织均针对要事而来，重点是把要事放在第一顺位。

习惯四：双赢思维。双赢思维是一种基于互敬、寻求互惠的思考框架与心意，目的是争取更丰盛的机会、财富及资源，而不是你死我活地敌对竞争。双赢既非损人利己，亦非损己利人。工作伙伴或家庭成员则更要从互赖式的角度来思考问题（"我们"而非"我"）。双赢思维鼓励我们解决问题的同时，协助对方找到互惠的解决方法。

习惯五：知彼解己。当我们舍弃焦躁心，改以同情心去聆听别人，便能开启真正的沟通，增进彼此的了解。对方获得了解后，会觉得受到尊重和认可，进而卸下心防，坦诚面对，双方相互的了解也就更加顺畅自然。知彼需要仁慈心，知己需要勇气，能平衡，则可大幅提升沟通的效率。

习惯六：统合综效。统合综效谈的是创造第三种选择，既非按照我的方式，亦非遵循你的方式，而是采取远胜过个人之见的第三种方案。这是互相尊重的成果——不但是彼此理解，更是称许、欣赏对方解决问题及掌握机会的智慧。个人的力量是团队和家庭统合综效的基础，能使整体获得1+1>2的成效。

习惯七：不断更新。不断更新谈的是，如何在四个方面（生理、社会、情感、心智及心灵）不断更新自己，这个习惯提升了其他六个习惯的实施效率。对个人及组织而言，不断地更新及改善，才能不致呈现老化及疲态，并迈向新的成长路径。

仔细研读这本书，你会发现前三个有关个人成功的习惯，可以大幅度提高自信，更能认清自己的本质、内心深处的价值观、个人独特的才干与能耐。第四至第六个习惯，能够重建以往恶化甚至断绝了的人际关系，原本不错的交情则更为稳固。第七个习惯可加强前面的六个习惯，时时为你充电，帮助你一步步地达到真正的独立与成功。

第二节 设计自己的人生

对于每一位在职场上打拼的人来讲，职业发展就是自己的事。在这个物竞天择，适者生存的职场上，要想在这场激烈的竞争中脱颖而出并保持立于不败之地，必须设计好自己的人生之路。为了提升学生们毕业后的职业竞争力，许多学校开设了相关的课程或是专题报告与讲座。我本人也到很多所高校和企业去讲过课和听过讲座，但在讲课和听讲座的过程中，我发现不少学校毕业生听完课或者讲座后根本都没有真正理解设计人生之路的确切含义，对设计人生之路的重要意义理解太肤浅，对于设计人生之路的程序往往一知半解，缺乏进行设计的具体技巧，讲座或者课程结束后，真正会去设计自己人生规划，并反馈给老师的同学连百分之一都不到。所以不少学生甚至职场人士面对就业的压力，往往不顾主客观条件，随自己的兴致来"设计"，对设计自己的人生规划流于形式。

2018年，我看过一本由苹果公司明星设计师、斯坦福大学人生实验室创始人比尔·博内特、戴夫·伊万斯共同创作的《斯坦福大学人生设计课》。这本书的内容脱胎于斯坦福大学备受欢迎的人生设计课，博内特教授和伊万斯教授认为，人生并不存在完美规划，正如设计师不会一味"思考"未来，而是主动去创造未来一样。在设计人生的过程中，你需要利用设计思维模式，了解自己究竟想要什么、想要成为什么样的人，以及如何拥有自己理想中的生活。通过比如"健康、工作、娱乐、爱"的仪表盘自查，反思自己的人生观和工作观，记录"美好时光日志"，制订"奥德赛计划"，寻找人生导师等，找到自己的生活目标，集中精力，为自己创造更多的可能性，大胆尝试，这样才有可能改变命运。《斯坦福大学人生设计课》提出，在人生设计的过程中至少要通过这五个核心方面来体现，它们分别是：

（1）保持好奇。激发你的探索欲，发现自己的兴趣所在。

（2）不断尝试。将目标付诸行动，不断尝试，切忌空想。

（3）重新定义问题。重新审视目前的状况，转换思维模式。

（4）保持专注。学会放手，专注于过程。

（5）深度合作。与他人合作，适度求助。

现在，我们就根据这五个方面来设计自己人生，对自己的兴趣、爱好、能力、特点进行综合分析与权衡，结合专业特点，根据自己的职业倾向，确定最佳的职业奋斗目标，并为实现这一目标做出行之有效的设计，设计好了以后，用思维导图画出来，随时给予自己勉励和激励。

设计自己的人生

作者
- 姓名：刘志华
- 兴趣
  - 烹饪：火锅、川菜
  - 阅读：培训类、人物传记、经济类、哲学类
- 爱好
  - 电影：战争片、科幻片
  - 音乐：唱歌、音乐会
- 业余
  - 研习：佛学、易经、诗书

休闲
- 电视：记录片、前锋
- 功夫茶：品人生
- 静态：冥想、修行
- 动态：足球、自驾游、旅行、游泳、健身、Golf

工作
- 讲授：创新、思维导图、全脑、快速阅读、超级记忆
- 讲师：博鳌、O.G、英国、TLI、认证 2016年
- 特聘：人社局、重庆 2009年
- 至今：全想、创业 2001年
- 授课：团队、管理、学习

写作
- 2014年：超级记忆（第一版、进阶版、漫画版）
- 2015年：快速阅读（进阶版）
- 2020年：思维导图（职场版、学生版）
- 未来：青年营、创作
- 每年：新书一本、出版、剧本

130 聪明人都在用思维导图

第三节 打造个人品牌

学过传播学的人都知道，任何人和事都需要宣传才会被更多人知道，才会有知名度和品牌效应。这一条对于将要迈进职场或者已经在职场上打拼了很多年的人都适用。如果你想要在工作中取得更大的成就，就要像那些著名品牌一样，建立起属于自己强有力的个人品牌。一旦个人品牌建立起来以后，就能从刚开始影响数百人、数千人、数万人到最后数百万、数千万甚至上亿的人，个人品牌影响的人越多，你获取财富的能力就越强。我经常在课堂上讲一句话：你的个人品牌就是你的个人身价！

那什么叫作个人品牌呢？答案就是：当你成为某一个行业的权威人士，并拥有帮助大家解决问题的能力，大家看到你就有信心，进而相信你的一切。那如何才能成功地打造好个人品牌，为自己的职场成功打下坚实的基础呢？在这里我结合自己这么多年的亲身经历和体会，给大家一些启示。

第一点，找准定位。 这是打造个人品牌的第一件事情，找出自己与他人不同的特质或者独有的技能，给自己一个准确的定位，然后沿着这种定位坚定不移、持续不懈地努力下去，建立起权威。比如我给自己的定位就是：脑力开发导师。在找自己定位的时候，一定要遵循两个原则：一是定位要简单、明确，不要太复杂、笼统。二是听得懂。很多的商品广告已经充分利用了这点，比如某一款洗发水就是主打去屑；某一款产品就是主打纯天然。这些定位让观众一看就懂，一听就明了。

第二点，持续推广。有人说好的东西不需要宣传，自然会有人买单，这就大错特错了。现在已经不是"酒香不怕巷子深"的时代了，现在已经是"酒香也怕巷子深，好货也怕无人识"的时代。即便是知名大电影公司投资的大制作电影，演员阵容豪华，个个都是自带流量的大牌明星，在上映前导演也照样带着核心演员连日奔波，不断在各大一线城市做电影发布会以及各种推广活动。所以，扩大自己的知名度，用各种正能量的方式把自己定位好的独特价值，持续地传播、推广出去，知道你的人越多，你的独特价值就传播得越广，个人品牌建立的速度就越快。比如我自己，会在网络上的各个平台写脑力开发方面的文章、拍视频、跟出版社合作，出版关于脑力开发培训系列书籍等。不做持续的推广，就算世界顶级奢侈品名牌，过几年时间，也会变得不那么有名了。

第三点，爱心诚信。爱心诚信是一种高贵品质及传统美德，也是现代大众所坚守的社会认同。因此定位好你的个人品牌，并持续地推广时，你还要坚守爱心和诚信的品质。在一个人所有的品质中，爱心与诚信是与人沟通合作最关键的一条。越是诚实和拥有爱心的人，就越会吸引来追随者和合作伙伴，这些追随者和合作伙伴会不断把诚信和有爱心的你，推荐给自己身边的人，这样你的个人品牌就传播得越广。随着口碑不断地提升，你就会拥有更多的选择机会和更多向上发展的机遇。

第四点，善于分享。你吃一个苹果，我吃一个苹果，最后得到的结果是我们都只吃到了单独一种味道的苹果。如果你吃苹果的时候，分我一半，我吃苹果的时候再分你一半，那我们两个人都吃到了两种味道的苹果。为什么会吃到两种味道的苹果？答案很简单：因为分享。在打造个人品牌的时候，一定要学会与别人分享自己的资讯、力量、观念、价值等，你分享得越多，知道的人就越多，影响力就越大。

第五点，合作共赢。2015年有本书非常火，被很多微商和电商当成宝典，这本书就是《微信营销108招》。这本书的作者是两个人，一个叫肖森舟，另一个叫李鲆。肖森舟当时是一家电商的CEO，在电商和微商界很有知名度。李鲆是一家文化公司的创始人和出版人，有很多出版资源，就主动联系肖森舟，提出免费帮他出书，两人一拍即合，合著《微信营销108招》这本书，大卖特卖，红透电商界。而毫无粉丝影响力的李鲆也一书成名。就这样，两个人都因为这次合作，赢得了更大的发展空间。

第六点，成为权威。一个人如果能够3年、5年、10年、20年都持续专心地做好一件事，他就会成为这方面的专家，成为大家共同热爱、愿意共同追随的人，自然地就建立起这方面的权威。而成为权威后，你就会自然地引领一群人，因此，在打造个人品牌的过程中，要注重权威的树立。

总结以上内容，绘制成思维导图如下：

后记

在21世纪，人类无比希望大脑这个高度精密的器官时刻活跃，有效率地运转，并且富有创造性和多维创意，帮助自己高效地记忆、思考，因为这是身在职场中努力打拼的人激发个人潜能、提升个人和团队价值的核心。

为了服务于这个核心，在近20年的脑力培训生涯中，我经常在课堂上问学员们一个问题：在时刻充满激烈竞争的职场上，你的竞争力取决于什么？同学们的回答五花八门，但几乎都是一些"人无我有，人有我优，人优我精"这样空洞的说辞，真正能有条理和步骤，落实到学习力和行动力这两个核心上的却很少。

在现代职场上，你的竞争力取决于学习力。学习力是最本质的竞争，而学习力的落实则在于行动力。当你决定要购买这本书的一刻起，学习力的火种就立刻被点燃了，现在你需要做的事情就是把这本书中所学到的知识和方法付诸实践，这就是行动力的体现。如果只是"读书"，那么知识就只会停留在"知道"的层面。光知道是远远不够的，你还必须进一步升华：把书中的方法和知识要点用来训练和实践。只有把阅读吸收到的方法、技巧、要点等付诸实践,它们才具有真正的价值。就像老祖先留下的一句话:光说不练假把式,实践才能出真知!

非常感谢你的耐心和支持,能够从本书的前言开始,从头到尾把这本书用心读完并运用于实践。如果你能熟练地运用思维导图以及本书中所讲的内容,在工作中你可以发挥出80%~90%的能力,这样不但能提升个人的工作效率,也能提升你身边每一位同事的效率。这看似小小的改变,定会让你变得与众不同。

同时,也希望正在阅读和实践本书内容的朋友,都能拥有一个借由思维导图来完美反映的全能大脑。只要你自己愿意,解开思维的束缚,你的学习力和行动力将没有任何限制——因为它们本来就是无限的。

达·芬奇曾设计了开发思维的四项原则:

(1)学习艺术的科学。

(2)学习科学的艺术。

(3)开发自己的感觉——特别是学习如何观察。

(4)意识到世间万物都是彼此相互关联的。

把视野再放开一点,结合、运用这样的原则,发挥思维导图的优势,在职场中做最好的自己,你将会拥抱美好的未来。

最后,感谢托尼·伯赞先生,是您让我在思维导图的运用和教学中不断地精进。

感谢本书的编辑郝珊珊女士,感谢您一直以来对我的信任、包容和